本书系国家社科基金重大项目
"中日韩古天文图整理与研究"（16ZDA143）阶段性成果

李亮◎著

灿烂星河

中国古代星图

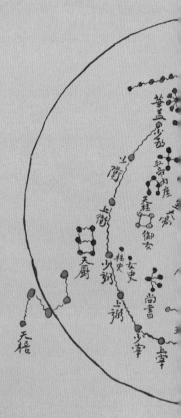

科学出版社

北京

内 容 简 介

星图是描绘天上恒星分布和排列组合的图像，它不仅是人们认识和记录星空的某种反映，也是研究和学习天文学的重要工具。作为重要的天文资料，中国古代星图历史悠久、种类众多、绘制精美，是中国古代科学文明的一项重要成就，这在世界历史上是不多见的。本书共介绍有中国古星图，以及受到中国星官体系影响的韩国和日本星图，共计一百余种，其中相当一部分是首次披露的新材料。通过这些源自古籍、档案、文物或最新考古发现的资料，让读者能够领略古人如何认识和理解星空，以及了解在此基础上形成的中国古代独特的星图和星官文化。

图书在版编目（CIP）数据

灿烂星河：中国古代星图 / 李亮著 . –– 北京：科学出版社，2021.2
ISBN 978-7-03-067385-5

Ⅰ . ①灿⋯ Ⅱ . ①李⋯ Ⅲ . ①古星图–研究–中国 Ⅳ . ① P114.4

中国版本图书馆 CIP 数据核字（2020）第 034213 号

责任编辑：王亚萍 / 责任校对：杨 然
责任印制：师艳茹 / 内文设计：楠竹文化

科 学 出 版 社 出版
北京东黄城根北街16号
邮政编码：100717
http://www.sciencep.com

北京九天鸿程印刷有限责任公司印刷
科学出版社发行 各地新华书店经销

*

2021 年 2 月第 一 版 开本：720×1000 1/16
2024 年 5 月第四次印刷 印张：18 1/2
字数：280 000

定价：88.00 元
（如有印装质量问题，我社负责调换）

序

　　自古以来，灿烂壮丽的星空一直吸引着不同人类文明的目光。最初人们仰观天空，并不能理解其中的规律，随着对星空观察的不断深入，人们对不同星体位置及特征的认识不断清晰起来。于是，为了方便观测和记忆，先人把夜空中的繁星划分成群、联合成象，形成了不同的星官或星座。为了传播和交流这些星官，人们将其绘制于不同材质之上，便逐渐形成了后来的星图。

　　可以说，星图是描绘天上恒星分布和排列组合的图像，它不仅是人们认识和记录星空的某种反映，也是研究和学习天文学的重要工具。星图在中国古代也称天文图，作为重要的天文资料，中国古代星图历史悠久、种类众多、绘制精美，是中国古代科学文明的一项重要成就，这在世界历史上也是不多见的。

　　李约瑟在《中国科学技术史（天文卷）》中就曾征引萨顿等科学史家的观点——"直到14世纪末，除了中国的星图外，再也举不出别的星图了"，并认为"欧洲在文艺复兴①以前，可以和中国天文制图传统相提并论的东西，可以说很少，甚至就没有"②。另外，中国古代的星图还曾传播至日本和朝鲜半岛等国家和地区，构筑了整个东亚地区共有的独特星象体系，也是古代科学与文化传播的重要纽带之一。

　　星图主要是对天上恒星进行的图像描绘。常识告诉我们，恒星是与

---

① 文艺复兴是指发生在14世纪到16世纪的一场反映新兴资产阶级要求的欧洲思想文化运动。

② 李约瑟，《中国科学技术史（第三卷）：数学、天学和地学》。

行星相对而言的,一般指那些自身会发光,且位置看似相对固定的星体。当然,现代天文学中对此解释的则更加复杂。"恒星"一词其实很早便已出现,《春秋》中就有记载,晋朝杜预注曰:"恒,常也,谓常见之星"①。除此之外,"恒星"也常被称作"列星"或"经星"。所谓"列星",汉代刘熙在《释名》中称:"星,散也,列位布散也"②。许慎的《说文解字》曰:"万物之精,上为列星"③,也就是说恒星是布列于天上的常见之星。所谓"经星",则是相对五大行星的"纬星"而言,这是由于行星的运动轨迹错综复杂,在赤道纬度上不断地变化,而恒星则相对保持不变。所以,清初著名的数学家和天文学家梅文鼎对此解释为:"曰恒者,谓其终古不易也;曰经者,谓其不同纬星南北行也;经亦有恒之义焉"④。

星图是"天空的镜子",其魅力不仅在于它能够映射出历史的"星空",具有较高的历史和科学价值,多姿多彩的古星图也使恒星确定了方位和坐标,为天文学增添了诗意和美感,使得整个星空都被艺术化,因此它也具有极高的艺术价值。此外,星图也是人类社会发展的产物,各个文明都有自己的星座体系和星座文化。现如今,大家广泛使用的八十八星座系统⑤就是发展于古希腊传统,并随着大航海和科学革命等活动而不断扩充完善并最终形成。作为一个东方大国,古代中国有着博大而深厚的天文学传统,中国的天象观测、天文仪器、历法编制等,都曾在世界几大文明中独树一帜。中国的星图和星官体系同时也是中国古代社会和文化在天上的反映,有着独特的文化内涵。东汉张衡在描述古代星官时就认为,"在野象物,在朝象官,在人象事,于是备矣"⑥,故中国的星名大多以器物、官名、人事名之。天上俨然成了古人世间百态、社会制度和人文习俗等方面的缩影。

---

① 《春秋左传正义》,卷八。
② 《释名》,卷一。
③ 《说文解字》,卷七。
④ 《畴人传》,卷三十九。
⑤ 1928年,国际天文学联合会为了统一繁杂的星座划分,用精确的边界把天空分为八十八个星座,使天空每一颗恒星都属于某一特定星座。
⑥ 《后汉书》,天文志第十。

目前，已有不少关于中国古代星官的图书出版，但比较全面介绍中国古代星图的著作却难得一见。专门涉及于此的著作，只有陈美东先生主编的《中国古星图》，不过这本出版于1996年的书实际上是一本论文集，且基本上以研究明代星图为主，没有囊括其他时期的星图，内容不够全面和通俗。另外，潘鼐先生所著的《中国恒星观测史》和《中国古天文图录》也有部分内容涉及古星图，但前者偏重于恒星观测研究，并非专门阐述古星图的历史；后者作为图录，内容较为简略，而且两书受限于当时的出版和印刷条件，彩图非常少，阅读体验不佳。

本书共介绍有中国古星图，以及受到中国星官体系影响的韩国和日本星图，共计一百余种，这些内容有些是对前人工作的总结，有些是笔者近年来在科研和教学过程中搜集和整理的，其中相当一部分是首次披露的新资料。希望可以通过这些源自古籍、档案、文物和最新考古发现的资料，让读者能够领略古人如何认识和理解星空，以及了解在此基础上形成的中国古代独特的星图和星官文化，这对传承中华文化遗产，以及传播科学、历史、考古等方面的知识都有重要意义。

由于古代星图发展的时间脉络和线索并不明晰，一幅清代的星图既有可能是基于汉代的某幅星图创作，也可能会受到西方星图的影响，很难整理出一条明确的历史发展轨迹。因此，本书除第一章和第二章介绍古星图的历史和知识外，其他各章节则分别介绍不同类型的星图，如墓葬和建筑星图、石刻星图、纸本星图等，同一类星图又大致以时间为序依次进行阐述。所以，本书在内容上前后关联性可能并不太强，还请读者予以谅解。不过，这也正是古星图所呈现出的多样性和复杂性的特点。

李亮

目　录

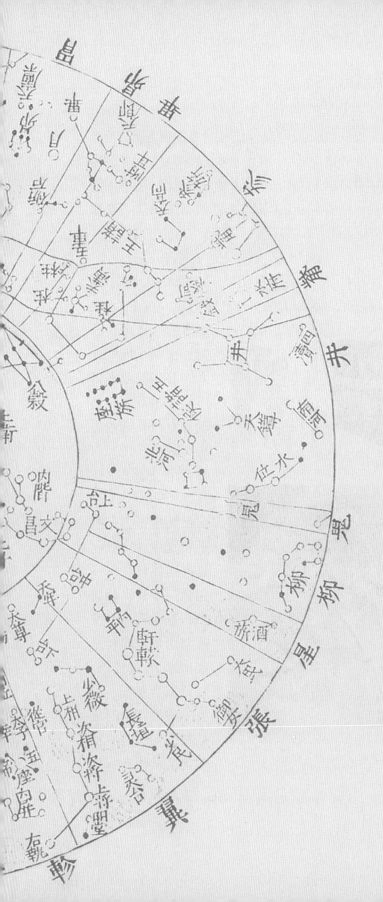

第一章

中国古代星图发展的历史

中国古代星图大致可以分为示意性星图和写实性星图两大类。前者通常用于装饰，常见于墓葬和建筑之中，且大多准确性不高，只是使用象征性的星座图形及文字对局部天区进行示意或抽象的描绘；后者则能够真实地反映星空中所见恒星的实际位置和相对关系，有的还具有诸如黄道、赤道和经纬线等坐标系统，具有一定的科学性[①]。

示意性星图的起源可以追溯到新石器时期。20 世纪 70 年代中期，在河南郑州大河村出土了一批新石器时期的彩陶，上面就绘有太阳、月亮和星星等图案，经测定大约距今 4000～6000 年（图 1-1）。20 世纪 80 年代，在河南濮阳西水坡一座距今六千多年的新石器时期的墓葬中，还发现有用蚌壳等拼砌而成的青龙、白虎和北斗图形（图 1-2），这些都是目前已知中国古代较早的天文星象图。这类示意性星图还包括后来的汉代画像石星象图案、汉代至唐代众多墓室壁画中的四神图、墓顶天穹星图，以及一些器物中的星象装饰图案等。虽然这些星图在科学

图 1-1 绘有天文星象的彩陶片

图 1-2 河南濮阳西水坡 45 号墓中的青龙、白虎蚌壳图

① 这种划分方式由薄树人提出，参见"中国古星图概要"，载陈美东主编《中国古星图》一书。

性方面不够严谨，但在历史文化和艺术性等方面颇有价值，在一定程度上可以帮助我们了解古人如何认识星空。

写实性星图可以上溯至汉代之前就已成形的"盖天说"，其中提到一种所谓的"盖图"，盖图可以看作是配合"盖天说"使用的一种仪器[①]。最初的"盖天说"将天地关系形象化成"天圆地方"，但没有对其结构作定量描述，后来《周髀算经》中提出了一种假定为天地平行的模型，以此解释各种天体的运行，并且能进行定量描述和计算。

"盖天说"认为天如同一个圆盖，日月星辰附着于天盖上，天盖周日不停旋转，带动星辰产生视运动。作为天地模型的盖图由上下两个圆形图叠合而成（图1-3），下层的图为黄色，以北极为中心，绘有二分和二至等不同时刻的日行轨迹，且标有北斗和二十八宿等星官；上层的图为青色，以观测者的位置作为中心绘成一个大圆，表示人的目视范围。通过上层青图透视下层黄图的部分，就是在该地观测者所能见到的星空。如果将黄图绕北极顺时方向旋转，在青图中就可看到不同的星空，这样的结构与现代活动星图有些类似（图1-4）。

盖图中黄图所绘的星空实际上就是写实性星图的早期雏形，由于那时已确定的全天星官和恒星的数目并不是很多，可以想象这种星图上的

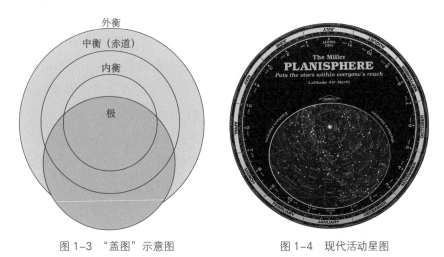

图1-3 "盖图"示意图　　　　　　图1-4 现代活动星图

---

① 钱宝琮认为这是"盖天说"天文学家所用的一种仪器，后来人们称其为盖图。

星官和恒星数量应该是比较少的，而且由于不同流派定义的星官和星数也不尽相同，所以不同流派使用的盖图在星象内容上也可能有所不同①。

　　需要指出的是，虽然我们可以将星图大致分为示意性和写实性两大类，但这并不是绝对的。例如，我国目前发现的汉代星图多以示意性星图为主，却也有一些介于示意性星图和写实性星图之间的类型。这些星图通常绘有二十八宿星官，其星点的数量和位置基本源于真实的星空，但也有单个星官配以人物或动物等象征物象。例如，20世纪80年代，在西安交通大学发现的西汉墓星图壁画，以及2009年至2015年，在陕西靖边发现的一些东汉中晚期星图壁画，它们都是其中的典型代表。

　　此外，出土的汉代文物中没有写实性较强的星图，但这并不意味着在汉代就没有科学星图，至少历史文献中对此有不少相关记载，可以让我们略见一斑。据东汉末蔡邕（133~192年）所著《月令章句》中的记载，当时天文史官使用一种被称作"官图"的星图，其内容为"天旋，出地上而西，入地下而东。其绕北极径七十二度常见不伏，官图内赤小规是也，谓乎恒星图也。绕南极径七十二度常伏不见，图外赤大规是也。据天地之中，而察东西，则天半不见，图中赤规截娄、角者是也"②。

　　也就是说，当时的官图大致是用红色绘出三个直径不同的同心圆，圆心就是赤道北天极（图1-5）。最里面的小圆被称为"内规（上规）"，代表恒显圈，即始终在地平线以上绕北极周日旋转的天区（图1-6）；最外面的大圆为"外规（下规）"，对中原地区的观测者来说，外规之外为"常伏不见"，是始终在地平线以下的天区；中间的圆代表"据天地之中"的赤道，它距南北两极相等。虽然文中没有提到黄道，但据"截角、娄者是也"可知，图上应该还有二十八宿，其中的角宿和娄宿就处于黄道和赤道相交的位置。由此可见，后来所用的圆形星图，至少在汉代就已经比较完备了。

　　由于地球自转的原因，人们在夜间会发现，不断有星星从东方升起，

---

① 中国天文学史整理研究小组，《中国天文学史》第四章"恒星观测"。
② 《开元占经》，卷一。

它们和太阳一样东升西落，每天周而复始。但由于地球绕着太阳公转，每天晚上的同一时间，人们仰望的星空是不尽相同的，同一颗星的升起时间每天都会提前4分钟左右，所以我们在不同季节看到的星空不完全相同。在天空中，赤道北天极附近的区域终年可见，为恒显圈；相反，赤道南天极附近的区域则始终不可见，为恒隐圈。

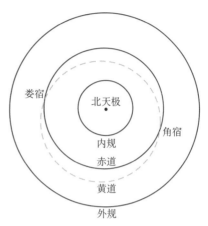

图1-5　东汉"官图"示意图

随着汉代天文观测仪器的不断创制，借此而开展的恒星观测工作也促进了星图的发展，星图中的星官体系也逐渐完善。到了三国时期，吴国的太史令陈卓将当时主要的三家星官流派（甘氏、石氏和巫咸氏）整合在一起，求同存异，编成一个包括有283个星官、1464颗恒星的星表，并依此绘制了星图。如今，陈卓的星图早已不存在，但他对中国古代星官系统的总结，对后世星图产生了很大影响，成为历代效仿的范本。

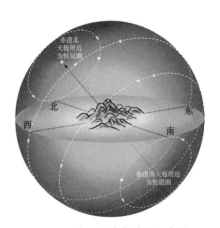

图1-6　恒显圈与恒隐圈示意图

由于古人没有完全解决星图中的投影技术问题，在一幅以北天极为中心的圆形星图中，古人一般将赤道和黄道都绘成正圆，其实这是不正确的。如果赤道是一个正圆，那么与赤极（即赤道两极）不等间距的黄道在投影中应该为扁圆形。如果黄道也绘成正圆形，就会导致即使冬至点和夏至点的位置准确无误，但春分点和秋分点的位置会发生偏差①。

————————————

① 中国天文学史整理研究小组，《中国天文学史》第四章"恒星观测"。

到了唐代，天文学家一行（683～727年，唐朝僧人）在研究月亮出入黄道位置时，发现了这一缺陷，即"赤道内外其广狭不均，若就二至出入赤道二十四度，以规度之，则二分所交不得其正"①。于是，他利用实测数据，将黄道分成七十二份，每份标记为一点，再将这些点的真实位置用曲线连接起来，就得出了星图中正确的黄道形状。不过，由于这种方法操作起来并不方便，后世的星图基本上还是延续了赤道和黄道皆是正圆的绘制方法。

隋代前后，出现了一种采用直角坐标投影的方形星图，也被称作"横图"或"方图"，目的是为了解决圆形星图在极投影上的一些缺点，如赤道附近的星官变形较大的问题。对此，宋代的苏颂（1020～1101年）评论为"古图有圆纵二法，圆图视天极则亲，视南极则不及；横图视列舍则亲，视两极则疏"②。

"横图"如同现代常见的地图，以纬度方向的量作纵轴，以经度方向的量作横轴，这种星图能很好地解决距离北天极较远星官的失真问题。不过，这样一来又导致北天极附近的天区反而变形严重，就像地图中的南极和北极地区严重失真一样。为此，古人发明了"圆图"和"横图"兼用的星图，把上规以内的恒星绘成"圆图"，把上规、下规之间的恒星绘成"横图"。这样将两种投影方式相结合的方法，在唐代的敦煌星图中就已经得到很好的运用。

到了五代十国时期和宋代，科学性较强的写实星图开始更多地出现，这一时期有不少石刻星图刻绘得都比较精确，如五代十国时期吴越钱元瓘墓星图及宋代淳佑年间的苏州石刻天文图（图1-7）。

另外，北宋苏颂所著《新仪象法要》中所附星图也是另一份重要的宋代星图，它分为两套，共计五幅，第一套由两幅"横图"和一幅"圆图"组成。一幅"横图"为东方和北方，自角宿至壁宿；另一幅为西方和南方，自奎宿至轸宿。"圆图"则为北天极紫微垣内的天区，这样通过三幅图就完整地展现了全天的星空。《新仪象法要》星图的第二套由两幅

---

① 《新唐书》，志第二十一。
② 《新仪象法要》，卷中。

图 1-7　苏州
　　石刻天文图
　（拓片局部）

"圆图"组成，皆以赤道为界，以南北天极为中心，将天球南北两部分"拦腰截断"，分别投影绘制在两幅"圆图"上，这与现今星图的绘制方法已经相当接近，可以称其为"双圆图"（图 1-8）。据苏颂所言，"今仿天形，为俯仰两圆图。以盖言之，则星度并在盖外，皆以圆心为极，自赤道而北为北极内官星图，赤道而南为南极外官星图。两图相合，全体浑象，则星宫阔狭之势与天吻合，以之占候，则不失毫厘矣"[①]。

　　宋元时期是中国传统天文学发展的高峰时期，制作有大量的天文仪器，星象观测活动也持续不断。宋代景祐、皇祐、元丰等时期都曾进行过系统的恒星观测，前面提到的《新仪象法要》星图就得益于元丰年间

———————————
① 《新仪象法要》，卷中。

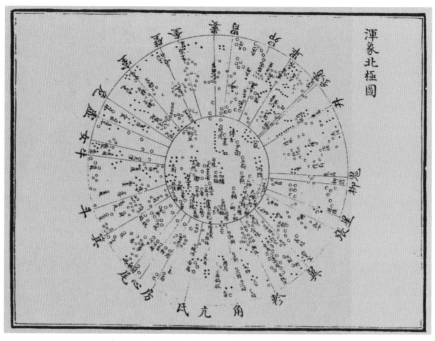

图1-8 《新仪象法要》"双圆图"中的"浑象北极图"

的恒星观测。虽然目前还留存有诸如《新仪象法要》星图、苏州石刻天文图等宋代星图精品，但保存至今的宋代写实科学星图的数量和种类还是比较有限的。

至于元代，基本上没有星图实物留存下来，但并不意味着元代就没有绘制过星图。在元世祖忽必烈时期，西域人扎马鲁丁曾进呈七件西域仪器，其中就包括阿拉伯天球仪和阿拉伯星盘，因此阿拉伯天文和星象知识也得以传入中国，其中包括了将恒星亮度进行分等的方法。元代天文学家郭守敬在进行《授时历》的编修过程中，也开展了恒星测定工作，编有《新测二十八舍杂座诸星入宿去极》和《新测无名诸星》等星表，这些也都是与星图绘制相关的工作。郭守敬的星图虽然没有实物和完整文献保存下来，但这些工作在明代一些星图中得到了很好的体现。

明清两代距今年代不远，因此不少星图得以留存。其中，明代星图在形式上开始呈现出多样性，既有常熟石刻天文图这样的碑石，也有大量官方及民间的抄本和刊本。另外，星图卷轴、建筑藻井星图等亦有不少，尤其是嘉靖和万历之后，随着社会实学①思潮的发展及天文历法禁令的松弛，各式星图开始大量涌现，而这些星图大都继承了此前宋元星图的风格和特征。

随着明末西方传教士来华，也将西方的星图绘制技术带到中国。特别是崇祯二年（1629 年）之后，由徐光启（1562～1633 年）领导开展大规模翻译西方天文学和数学著作的活动，历局等官方天文机构因此绘制了多种不同类型的中西合璧的全天星图，如"见界总星图""赤道南北总星图""黄道南北总星图"等，这些星图的绘制利用了基于西方几何学和投影技术的绘图方法。

清代的官方星图传世也颇多，乾隆年间及之前的官方星图大多为供职于钦天监的来华传教士根据西方星表绘制而成。道光朝之后，传教士撤出钦天监，官方星图的绘制工作开始完全由钦天监的中国官生来主导。此外，清代私人绘制的星图也不少，这其中既有完全依据传统方法绘制的，也有采用西方投影方法绘制的。

明清时期，除了各类官方和私人绘本及刊本星图外，装饰有星图的器物也不少，其中以清宫所藏带有星图的西洋仪器最为典型。另外，明清时期也有一些反映少数民族地区和中原地区文化交流的星图，不少汉文星图还被翻译成蒙文和藏文等。

---

① 实学是一种以"实体达用"为宗旨，以"经世致用"为主要内容的思想潮流和学说。中国实学思想肇始于宋代，在明清之际达到高潮。

第二章 中国古代天文学知识

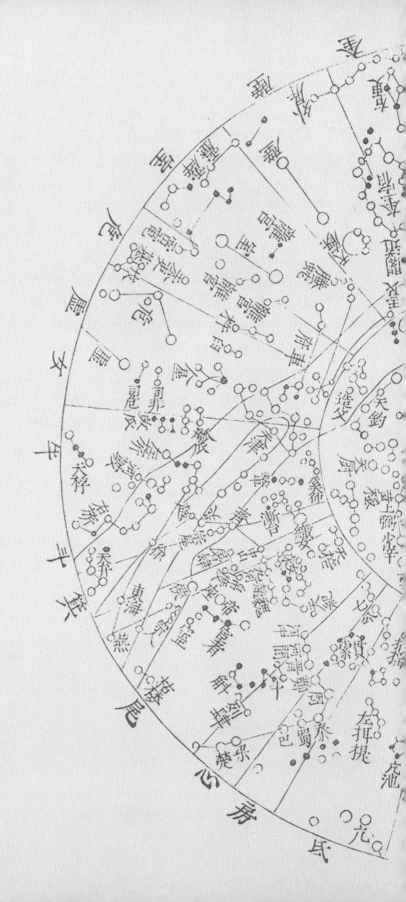

中国古代星图的绘制基于中国传统天文学知识，其中不少概念和术语与现代天文学有着明显的差异，这就给现代读者了解古代星图带来很多障碍。事实上，即便是古人学习这些知识时，也会遇到不少麻烦。例如，曾国藩在其家训中就曾言，"余生平有三耻，学问各途皆略涉其涯涘，独天文算学毫无所知，虽恒星五纬亦不认识，一耻也"[①]。为了使读者更好地理解古代星图中的内容，下面将对一些与古代星图相关的基本知识或概念作适当解释和说明。

三垣

"垣"本意为矮墙或城。"三垣"指的是天空中用星星围成的三片区域，如同天上的三座城，古人将其中以北天极为中心的区域命名为"紫微垣"，另外两个分别命名为"太微垣"和"天市垣"。之所以如此划分，是由于中国位于北半球，看到天球北半部分的时间更多一些，这部分天区就显得更为重要。所以古人将黄道和赤道附近的星空分为二十八宿，又将二十八宿包围的靠近北天极的区域划分为三垣（图2-1）。

其中，三垣中的"紫微垣"包括北天极附近的天区；"太微垣"大致对应室女座、后发座及狮子座等星座的一部分；"天市垣"大致对应蛇

图2-1　三垣和二十八宿示意图

---

① 曾国藩，《谕纪泽》。

夫座、武仙座、巨蛇座及天鹰座等星座的一部分。

二十八宿

古人将太阳在天空中走过的路线称作"黄道"，并且发现月亮及金、木、水、火、土五大行星在天上的"路线"也都在黄道附近。为了测量这些天体的运动，人们将黄道附近的天空划分成若干区域。例如，西方就将黄道等分为十二份，这就是"黄道十二宫"，中国古代大致沿黄道把这部分星空分成二十八份，每一份称为一"宿"，合在一起就是二十八宿。

古人还将二十八宿划分为四部分，每一部分都使用动物的名称来表示，这就是四象。

二十八宿中各宿的分布疏密不均，如最大的井宿横跨三十多度，而鬼宿等仅有几度，最小的觜宿甚至只有一度多，这也是中国的二十八宿和基本等分的西方的黄道十二宫（约每30度范围内有一个星座）的区别之一。二十八宿和三垣一同组成了中国古代最常见的天区划分方式，大多数传统星图都包含有三垣、二十八宿。

四象

"四象"也称四神、四灵，指青龙、白虎、朱雀和玄武。古人将二十八宿划分成四个部分，每个部分为一"象"，分别各包含七宿。此外，四象还分别代表东、西、南、北四个方向，这些都是源于中国古代的星宿信仰。

四象中的东方七宿被称作青龙，它在空中的形象如同一条腾飞的巨龙；西方七宿的形象是一只凶猛的白虎；南方七宿的形象是类似凤凰的朱鸟，后来被称作朱雀；北方七宿的形象是一条长蛇缠绕着一只龟。古人还认为，四象中的五种动物是守护四方的神兽，这可能与早期先民部落的图腾崇拜有着密切的关系[1]。

---

[1] 冯时，"四象的起源与演变"，载《中国古代物质文化史》。

四象和二十八宿包括：

东方青龙：角、亢、氐、房、心、尾、箕；

北方玄武：斗、牛、女、虚、危、室、壁；

西方白虎：奎、娄、胃、昂、毕、觜、参；

南方朱雀：井、鬼、柳、星、张、翼、轸。

甘石巫三家星

甘氏、石氏和巫咸氏是我国在隋唐之前几家比较流行的星官流派，他们使用不同的方式对全天的恒星进行划分。其中的甘德、石申都生于战国时代，著有《天文》和《天文星占》等，但原书已轶，仅部分内容辑录于唐代的《开元占经》中。巫咸相传是更早时代的人，也有不少星占著作，但其学说也只辑录于后世著作中。三国时期吴国的太史令陈卓将这三家流派做了合并，形成一种全天283个星官、1464颗恒星的系统，称为"甘石巫三家星"[①]。

在陈卓之前，除了甘氏、石氏和巫咸氏三家，还有一些其他的恒星划分体系，如《史记·天官书》中就记载有一种将全天星分成五宫的方法，即中宫、东宫、南宫、西宫和北宫，共92个星官、500多颗星，这些星大多列于石氏名下。

另外，陈卓还以红色、黑色和黄色三种颜色来标记三家星，这一方法在后世的星图中也有体现，并且成为一种惯例延续下来，如唐代时期的敦煌星图等就采用不同颜色来表示三家星[②]。

十二次

十二次是中国古代划分周天的一种方法，它将天赤道均分为十二等

---

① 中国天文学史整理研究小组，《中国天文学史》第四章"恒星观测"。

② 席泽宗，"敦煌星图"，载《古新星新表与科学史探索——席泽宗院士自选集》。

份，使冬至点处于一份的正中间，这一份被称作"星纪"。从星纪向东依次为玄枵、娵訾、降娄、大梁、实沈、鹑首、鹑火、鹑尾、寿星、大火、析木，这种划分方式统称为"十二次"。

一般认为，十二次源自古人对木星的观察。古人很早就知道木星公转周期约为十二年，所以据此创立了十二次，用木星所在周天的位置来

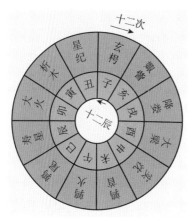

图 2-2　十二次与十二辰

纪年。因木星又名"岁星"，所以这种纪年方法也叫"岁星纪年"[1]。

中国古代还有一种与十二次类似，但方向相反的划分周天的方法，称作十二辰（图 2-2）。十二辰采用十二地支命名，以十二次中的玄枵为子，自子向西依次为丑、寅、卯、辰、巳、午、未、申、酉、戌、亥。十二次和十二辰常与分野理论相结合，出现在中国古代传统星图当中。

十二宫

黄道十二宫是一种将黄道进行分段的方法，自春分点开始将黄道等分为十二份，每一份范围为 30 度，也就是一宫，各宫分别用各自所对应的黄道上的星座名称来命名。由于最初春分点位于白羊座，所以第一宫也被称作"白羊宫"，其他十一宫依次为金牛宫、双子宫、巨蟹宫、狮子宫、室女宫、天秤宫、天蝎宫、人马宫、摩羯宫、宝瓶宫和双鱼宫。但由于岁差的原因，春分点每年都要向西移动，因此现在黄道十二宫名称已经与其位置所在的星座不再对应了。

使用黄道十二宫来观察太阳的周年视运动是非常有效的方法，它最早产生于古巴比伦，并且在古代的埃及、希腊和印度地区也都用它来表

---

① 石云里，"纪年制度"，载《中国古代科学技术史纲（天文卷）》。

示太阳在黄道上的位置，这与中国古代的十二次和十二辰有类似之处。

西方的十二宫大约是在隋代之前随着佛教传入中国的，由于当时不少佛经被翻译成汉文，黄道十二宫也就有了中文译名，并通过一些文物和文献记载流传下来（图2-3和图2-4）[①]。中国较早的十二宫图像，包括河北宣化辽墓星图十二宫像、敦煌莫高窟第61窟十二宫图（详见第三章）等。自明末之后，黄道十二宫开始成为中国古代星图中的重要内容。

图2-3　宋代梵文本《大随求陀罗尼经》中的十二宫像
（1978年发现于苏州瑞光寺塔）

① 江晓原，《12宫与28宿：世界历史上的星占学》。

图 2-4 《大随求陀罗尼经》十二宫像局部

分野

古人仰观天象、俯察地理，认为天上的某些天象与地上发生的事件相对应，且这种对应关系是固定持久的。所谓分野就是古人将地上的列国或州郡和天上的星辰联系起来而形成的一种星占概念，可以使得星象的占验结果与地上的区域一一匹配。星占学之所以能建立起天人之间的关联，关键就在于分野体系的形成[①]。中国古代传统星图通常会在外规的外面，即重规上标记有十二次和分野等内容。另外，一些古代《地方志》中也绘有当地的分野星图，如四川新都县的《新都县志》就有星野图（图 2-5），标明"新都县天文益州，为参分，分野在井、鬼之分，入参一

① 冯时，"分野理论的起源和发展"，载《中国古代物质文化史》。

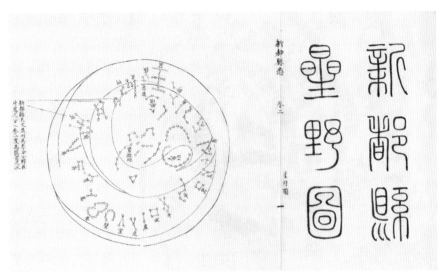

图 2-5 《新都县志》星野图

度，为鹑首之次"。

星官和星名

现代的星座和星名大多源自古希腊，后来又经过大航海时期和科学革命时期的不断扩充与完善，才最终形成了目前通用的八十八星座系统。现代星座将全天分成若干区域，每个区域就是一个星座，并且还通过想象将各区域中的亮星用线联结起来，构成各种图形，这些星座的名称多为西方神话故事中的人物或动物。

与西方星座不同，中国古代在对天空的划分与命名上，有自身的一套理论系统。中国的星座通常不叫星座，而是称作"星官"，这可能是因为中国星座中很多内容都与人间的帝王、百官等有关联。

另外，西方星座一般指许多恒星组成的视觉图案，而中国星官有两个以上恒星组成的，也有单个的恒星。所以在中国星官中，即便只有一颗星也能组成一个星官，这也导致中国星官一般比西方星座要"小"，数

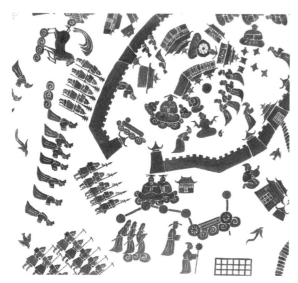

图 2-6 中国传统星官大多源自古人的现实生活

量上自然也就多了不少[1]。

中国古代的星官名称和星名是一个庞杂的体系，它包括了不同的人物、动物、官职、国名和地名、生产和生活用具等，这些大多源自古人的现实生活[2]（图 2-6）。

例如，人物类星官名称或星名包括人、子、孙、老人、丈人、农丈人、王良、造父、奚仲、织女等。

动物类星官名称或星名包括鱼、龟、鳖、狗、天狗、天狼、野鸡、腾蛇、天鸡等。

官职类星官名称或星名包括帝、太子、上卫、少卫、上丞、少丞、上将、次将、上相、次相、郎将、从官、幸臣、谒者、五诸侯、侯、虎贲、进贤、执法、摄提、御女、七公、太尊、文昌、三公、九卿、骑阵将军、天大将军、骑官、积卒等。

国名和地名类名称的星官包括魏、赵、中山、九河、河间、晋、郑、周、秦、蜀、巴、梁、楚、齐、燕、南海、徐、东海、吴越、南河、北河等。

生产和生活类名称的星官包括斗、箕、毕、弧矢、屏、天囷、天仓、天苑、天园、天廪、天船、杵、臼、五车等。

建筑类星官名称或星名包括天街、天庙、天垒城、南门、天门、天

---

① 有观点认为，中国古代星官数量较多、划分细致，是因为将星官当成一种坐标系统来使用，这样会更便于限定某星官的天区范围。

② 刘金沂，《天文学及其历史》第六章"恒星"。

关、离宫、器府、车府、天厨、厕、灵台、明堂、长垣、罗堰、坟墓、天牢、神宫、天厩等。

贸易类星官名称或星名包括列肆、屠肆、车肆、斛、帛度、天钱、酒旗、市楼等。

军事类星官名称或星名包括车骑、垒壁阵、天枪、座旗、参旗、左旗、右旗、军井、军市、军南门、斧钺、铁锧、钺、羽林军等。

自然类星官名称或星名包括月星、霹雳、雷电、云雨、积水、梗河、天阴等。

当然，古代星官的数量和名称也不是一成不变的，自三国时期太史令陈卓确定283个星官后，又经历了多次增减，到清代补充了部分翻译自西方的南半球星官，另外又删去了个别传统星官，最终形成了大约300个星官。

岁差

由于太阳、月球和行星对地球赤道突出部分的吸引（天文学上称作摄动），导致地球自转轴的方向发生周期性变化，从而产生岁差。岁差使得地球如同一只晃动的陀螺一般，引起春分点会沿黄道向西缓慢运行，速度约为每年50.24角秒[①]，约25 800年运行一周。由于岁差的原因，古人在长期观测星空后，发现恒星的位置会略有偏移（图2-7）。

公元前2世纪，古希腊天文学家喜帕恰斯就已经发现春分点在恒星间的位置不是固定不变的。我国东晋时期的天文学家虞喜（281～356年）根据观测和推算回归年[②]和恒星年[③]，也独立发现了岁差。《宋史·律历志》载，"虞喜云，尧时冬至日短星昴，今二千七百余年，乃东壁中，则知每

---

① 角秒，是量度角度的单位，即角分的六十分之一。1角=60角分=3 600角秒。
② 回归年，又称为太阳年，指太阳连续两次通过春分点的时间间隔，即太阳中心自西向东沿黄道从春分点到春分点所经历的时间。
③ 恒星年是指地球绕太阳一周实际所需的时间间隔，也就是从地球上观测，以太阳和某一个恒星在同一位置上为起点，当观测到太阳再回到这个位置时所需的时间。

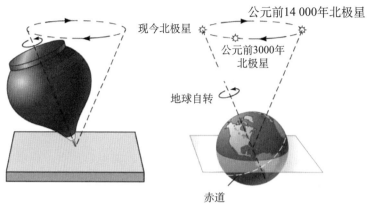

图 2-7 岁差示意图

岁渐差之所至"①，岁差因此而得名。

在古代星图的绘制中，岁差也会带来一些影响，如战国时期测定的冬至点位置为"牵牛初度"（中国古代以冬至点作为黄道起点，而非春分点），也就是在二十八宿中牛宿之距星的位置。由于岁差的原因，汉代时冬至点已经移动到斗宿二十一度，到清代则已经到了箕宿附近。所以，不同时期的星图，冬至点位置是不同的。

另外，中国古代的星图基本上以"北极天枢"作为北极星。由于岁差，如今的北极星已经变成勾陈一（即小熊座 α 星）。而在更早之前，"帝"星（即小熊座 β 星）才是北极星（图 2-8）。

星等

星等是天文学上对天体明暗程度的一种表示方法，星等数值越小说明恒星越亮。人们将全天肉眼可见的星按视觉亮度分为 6 等，其中 1 等星比 6 等亮约 100 倍。不过，星等的概念源自古代西方，中国古代并没有明确的星等概念。星等最早是在元代通过阿拉伯天文学传入中国的，目前已知最早具有星等的中文星表是明代初期翻译的《回回历法》中的恒星表。明末之后，随着来华传教士带来了欧洲天文学知识，星等在中

---

① 《宋史》，志第二十七。

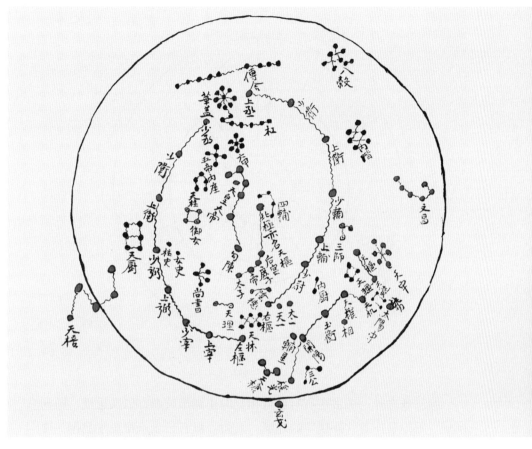

图 2-8　中国传统星图中的"紫微垣"

（由于岁差，历史上的北极星先后为"帝"星、"北极天枢"、"勾陈一"）

国星图中才被普遍采用。

三规

中国古代星图中最典型的类型是采用极投影的圆图，这种星图中有三个同心圆，正中为北天极。同心圆的内圆称作"内规"或"上规"，表示恒显圈；中圆称"中规"，为赤道；外圆称作"外规"或"下规"，为恒隐圈的边界线，这三规构成了我国古代圆形星图的基本结构（图 2-9）。

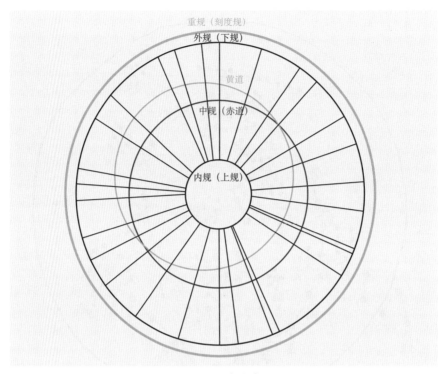

图 2-9　三规示意图

　　除三规之外，通常还有与赤道相交的正圆形黄道，以及重规，即刻度规。重规紧连着"外规"的外层，上面一般有二十八宿距度数据、度分刻度，以及十二次和分野等内容。从内规到外规一般还有二十八条辐射线，为二十八宿经线，或称"宿度线"，将内规和外规之间的星空分成不同的天区。

黄道与赤道坐标

　　星图中需要通过坐标系来表示恒星在天球上的位置，天文学上采用的坐标系一般都是球面上的，常用的有地平坐标系、黄道坐标系和赤道坐标系等。中国古代主要使用赤道坐标系，但有时也用到地平坐标系和黄道坐标系（图 2-10）。

　　中国古代的赤道坐标系承袭了二十八宿标记位置的传统，它有两个

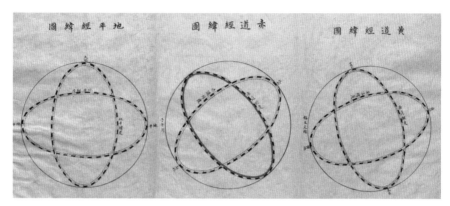

图 2-10　古代天文中的三种常用坐标系
（从左至右依次为地平坐标系、赤道坐标系、黄道坐标系）

分量，分别为"入宿度"和"去极度"。所谓入宿度，就是以二十八宿当中的某宿距星为参照，测量天体距离这个距星之间的赤经[①]差。例如，织女星（天琴座 α 星）入斗宿五度，就是指织女星在斗宿范围内，且距离斗宿距星斗宿一（人马座 φ 星）的赤经差为五度。去极度则是所测的天体距北极的角距离，相当于赤纬[②]的余角[③]。

赤道坐标系在中国古代天文学中具有广泛的应用，尤其是早期的星图基本都是基于赤道坐标系，这在世界天文学史中也是一个突出的范例。包括古希腊在内的西方文明一直以来主要使用黄道坐标系，直到 16 世纪之后，欧洲才逐渐开始普遍使用赤道坐标系。由于天球的周日运动是沿着赤道方向的，如今赤道坐标系也成为现代天文学中最主要的一种坐标系统[④]。

中国古代的黄道坐标系统来源于古人对黄道的认识，黄道是太阳在天球上周年视运动的轨道，太阳的视运动相对于地球上的人而言，每天在恒星背景中向东移动约 1 度的角距离，大致一年行移一圈。古人很早就对黄道有了一定的认识，所谓"二十八宿为日、月舍"[⑤]就表明了

---

① 赤经是指赤道坐标系的经向坐标，过天球上一点的赤经圈与过春分点的二分圈所交的球面角。
② 赤纬是指赤道坐标系的纬向坐标，从天赤道沿过天球上一点的赤经圈量到该点的弧长。
③ 中国天文学史整理研究小组，《中国天文学史》第四章"恒星观测"。
④ 石云里，"圆仪浑仪到简仪——赤道式天体测量仪器的发明与使用"，载《中国三十大发明》。
⑤ 《论衡》，卷十一。

在形成二十八宿体系时，已经包含有黄道概念的思想萌芽。东汉贾逵（30～101年）讨论历法时，就曾引述《石氏星经》中的内容，"黄道规牵牛初直斗二十度，去极一百一十五度"[①]。其中的"规"就是圆圈的意思，"黄道规"就是指天球上的黄道圈；而"牵牛初"就是指冬至点，因为最初的历法都认为冬至点在牵牛初度。这句话的意思就是，冬至点在黄道上的位置距离斗宿距星为20度[②]。

另外，需要指出的是，中国古代"度"的概念与现代的"角度"概念有所不同，早期的历法将一个回归年定为365.25日，太阳在黄道上一回归年运动一周天。为了方便计算，古人将一周天定为365.25度，太阳平均每天日行1度，这就是所谓的"古度"。如今我们将圆周分为360度的制度，则是"今度"。"古度"一直沿用到明末，所以在此之前的星图中所用的刻度基本都是以365.25度为一周的"古度"。明末清初时，不少星图在最外的刻度规上同时使用"古度"和"今度"，但清代中期以后，"今度"就基本替代"古度"了。

古星图的类型

前面已经介绍，在写实性星图中最初采用的是从北天极投影的"圆图"[③]，然后古人又发展出直角坐标投影的"方图"（或者叫作"横图"），并将圆图和方图相互结合使用。最迟到宋代，又出现有南北天球分绘成两幅圆图的"双圆图"。明末之后，随着西方绘图和投影技术的传入，又出现了柳叶星图和方星图等形式。其中，柳叶星图（图2-11）是为了制作天球仪而设计的，方星图（图2-12）则是将天球仪由球形简化成正方体的一种尝试。

---

① 《后汉书》，律历志第二。
② 中国天文学史整理研究小组，《中国天文学史》第四章"恒星观测"。
③ 或者叫作"盖图"，因其起源与"盖天说"有关，科学史家钱宝琮最早使用"盖图"这一名称，后来被大家所认可，成为惯用的称法。

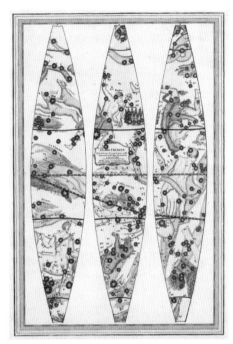

图 2-11　1792 年西方绘制的柳叶星图
［意大利制图师卡西尼·乔瓦尼·玛丽亚
（Cassini Giovanni Maria，1745～1824 年）
所绘］

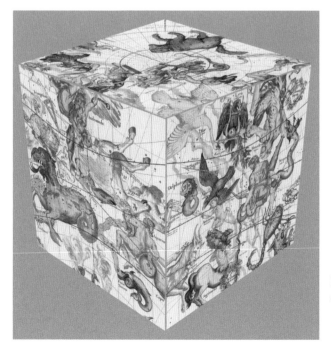

图 2-12　方星图
［根据法国科学家巴蒂斯
（Pardies Ignace Gaston，
1636～1673 年）绘制的
方星图所制］

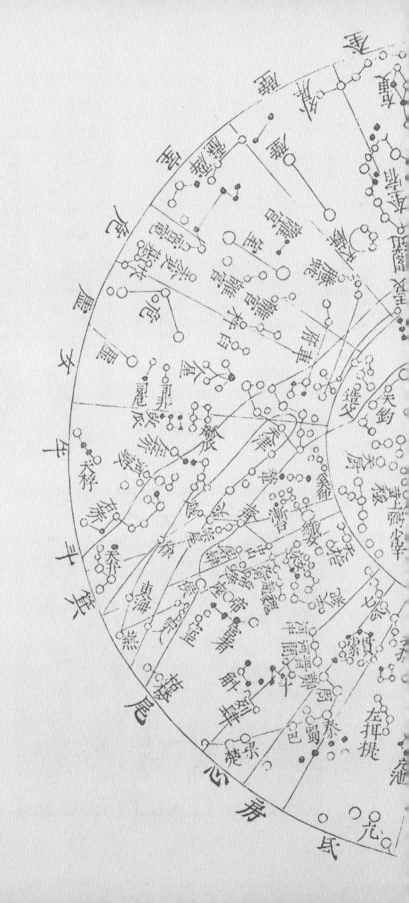

第三章　墓葬和建筑星图

现存的早期星图大多出土于各类墓葬当中，这些星图主要以壁画的形式绘制于墓室的顶部和四壁。它们不仅具有装饰性，而且也反映了古人死后希望能通天或重生的愿望。墓葬星图的历史源远流长，如《史记》中就有秦始皇陵"上具天文"[①]的记载，这应当就是在墓室顶部绘制星象图。墓葬星图历经两汉、南北朝，至隋唐而盛行，一直到宋辽时期仍时有发现。

除了壁画星图，古代墓葬中的一些器物上也具有星图图案，有的起着装饰效果，有的则具有天文上的实用性。另外，一些石窟壁画和寺观建筑中也常绘有星图，如敦煌莫高窟壁画、明代隆福寺藻井等。

湖北随县曾侯乙墓二十八宿漆箱

1978 年，考古工作者在湖北随县（今随州市）发掘了一座战国前期的古墓，其墓主为战国时期曾国的国君曾侯乙（约前 475～前 433 年），故也被称为曾侯乙墓。该墓出土有世人所熟知且享誉世界的曾侯乙编钟。

除编钟之外，墓中还出土有其他稀世珍宝，如绘有北斗和二十八宿名称的漆箱（图 3-1）。

漆箱出土时位于东椁室的西南角，靠近主棺。漆箱通长 82.8 厘米、宽 47 厘米、高 19.8 厘米，内壁为红漆，外壁为黑漆。箱盖呈拱形，黑漆为底，红漆绘图，图中心用篆书写有一个"斗"字，代表北斗七星。两端则绘有青龙和白虎的图案，两者头尾方向彼此相反，代表"四象"方位。"斗"字的四周是篆书所写的二十八宿名称，从龙

图 3-1 曾侯乙墓二十八宿漆箱

---

① 《史记》，秦始皇本纪第六。

尾位置开始，按顺时方向环绕"斗"字，二十八宿名称随中间"斗"字的字形，围成一个两头小、中间大的橄榄形。箱盖东壁和西壁图形分别绘有基于西周金文的"箕"和"翼"两宿[1]（图3-2）。

由于曾侯乙下葬年代约为公元前433年，并且曾国在战国初期只是一个小国，二十八宿被描绘在箱盖上作为装饰图案，说明这在当时已经是一种相当普及的天文知识[2]。至少，这件漆器的出土表明，最迟在公元前5世纪初，中国就有了完整的二十八宿体系。

图3-2　曾侯乙墓二十八宿漆箱盖线描图（上）
及箱盖东壁（下左）和西壁（下右）线描图

---

① 李零，曾侯乙墓漆箱文字补证，《江汉考古》，2019年第5期：131-133。

② 王健民、梁柱、王胜利，曾侯乙墓出土的二十八宿青龙白虎图象，《文物》，1979年第7期：40-45页。

甘肃武威汉代二十八宿漆栻盘

1972 年，甘肃武威磨嘴子（亦称"磨咀子"）汉墓出土了汉代木胎髹漆栻盘，年代大约为西汉晚期或新莽时期。栻盘亦称"式盘"，由天地两盘组成，是古代用于星占的器物。

这件汉代栻盘由圆形的天盘和方形的地盘组成，中间有轴相连，反映了"天圆地方"的思想。天盘直径约 6 厘米，正中绘有北斗七星的图形，外围有两圈篆书文字，分别列有十二神将和二十八宿的名称。地盘直径约 9 厘米，四角与天盘有双线相连，每角双线中内嵌"一大二小" 3 个竹珠，内圈和外圈分别列有干支和二十八宿（图 3-3 和图 3-4）。天地两盘边缘均刻许多小圆点为刻度，天盘边缘微残，现存 150 余个刻度，地盘共有 182 个刻度[①]。

除了这件栻盘，目前还有多件类似的栻盘传世，多为木制或象牙制，其中具有代表性的还有西汉汝阴侯夏侯灶墓出土的栻盘，现存于安徽博物院。

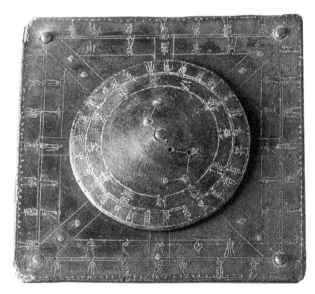

图 3-3 甘肃武威
磨嘴子汉墓栻盘

---

① 甘肃省博物馆，武威磨咀子三座汉墓发掘简报，《文物》1972 第 12 期：9-23 页。

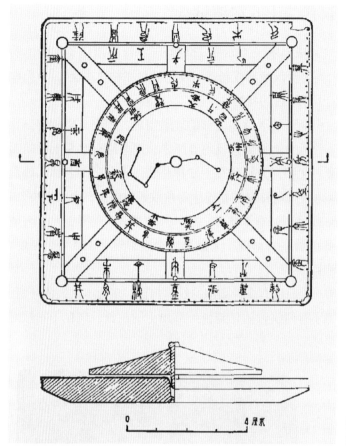

图 3-4 漆栻盘图
的平面图和剖面图

江苏仪征西汉晚期漆盾四神图

1994 年，江苏仪征陈集镇杨庄村西汉墓出土了一面彩绘四神纹漆盾，漆盾呈半椭圆形，下部残缺。漆盾的正面髹朱漆为底，黑漆勾线，褐漆绘纹饰。图案中的上部为两个侧面羽人，中部为两个相向的朱雀，下部残缺部位绘有两只猛虎、两条翔龙及玄武等图案（图 3-5）。漆盾的背面髹黑漆为底，以朱色和褐色漆绘云气纹，正中间还绘有龟甲纹[1]。漆盾图案的线条流畅有力，其中四神的神态生动，既写实又夸张。

---

[1] 扬州博物馆编，《汉广陵国漆器》，文物出版社，2004 年。

图 3-5 西汉四神漆盾局部

西安交通大学西汉墓星图

1987 年，在西安交通大学发现有一座西汉壁画墓，其年代约为西汉晚期宣元之后（汉宣帝、汉元帝之后）、王莽即位之前（约前 73～8 年）。壁画分为上下两大部分，中间用朱红色菱形几何纹隔开。壁画的下半部分为象征性的波浪状山川，以及在山中觅食的虎、鹿、野猪、天鹅等禽兽，代表人类生活的大地；壁画的上半部分主要为墓室顶部的天象星图。

该墓墓室顶部的星图中绘有日、月及二十八宿，其间还绘有云气纹和仙鹤，极富动感。星图南北向列有"日象"和"月象"，其中分别绘有三足乌，以及玉兔和蟾蜍，日、月之外绘有两个大的同心圆，组成一条环形带，里面依次列有二十八宿星象（图3-6至图3-8）。

星图中的二十八宿分为四组，每组七宿，且使用四神与二十八宿相配，是迄今为止较早绘有比较完整二十八宿图像的星图。二十八宿中的各星使用直线连接，以此表示各星官。除了二十八宿，图中还用墨线勾勒有四神图形，并涂有不同颜色，不过其中的玄武则省略了神龟，仅采用一条黑色的小蛇来代替。

图3-6 西安交通大学西汉墓星图

图 3-7　西安交通大学西汉墓星图（线描图）

图 3-8　"日象"和"月象"局部

"青龙"局部

"毕宿"局部

图3-9 西安交通大学西汉墓星图局部

　　这件壁画星图的另一个特征是多处采用了人物或动物形象来表现星官，如毕宿八星原本为捕捉鸟兽的网形器具，图中将其画成一人执毕跨步追赶兔子状，十分生动；鬼宿中因有鬼宿星团"积尸气"[①]，图中将其画成两人抬舆，上坐一个怪物，颇有意境；斗宿六星则绘成一位身体前倾的男子手执斗柄（图3-9）。此外，图中的牛宿绘成牛郎牵牛，女宿绘成织女，表明了牛、女二宿向牵牛和织女星官转化的迹象。星图中使用动物形象的画面则包括有娄宿绘有一只奔跑的动物，昴宿绘有马，以及觜宿绘有鸱鸮等。

　　总体来看，壁画作者将天文知识和神话传说融于一体，将各个星宿融合于人物、动物形象之中，画面完整、构思精巧。从社会思想发展的角度来看，这幅二十八宿星图是汉代天人之学盛行、神仙思想弥漫的产物[②]。

---

① 在古时候，人们看到由鬼宿星团所有恒星混在一起发出一团朦朦白光，犹如鬼火，所以古称鬼宿星团为"积尸气"。
② 雒启坤，西安交通大学西汉墓葬壁画二十八宿星图考释，《自然科学史研究》，1991年第3期：236-245页。

"井宿""鬼宿"局部　　　　　　　　　　　　　　　"斗宿"局部

江苏盱眙西汉墓木板星图

1974 年，在江苏盱眙一座西汉晚期墓中，出土有一块置于棺椁之间的木质顶板[①]。上面刻有象征太阳的金乌和象征月亮的蟾蜍、玉兔，另刻有不少星点。在一个飞天神人的足后，还有三颗星，采用双线相连。这三颗星应该就是中国传统星官中的河鼓三星，其中，中间稍大的那颗，应该就是河鼓二，又称为牛郎星（图 3-10）。

图 3-10　盱眙西
　汉墓木板星图
（南京博物院藏）

---

① 南京博物院，江苏盱眙东阳汉墓，《考古》，1979 年第 5 期：412-426 页。

河南洛阳尹屯新莽墓星图

2003 年，河南洛阳尹屯发现新莽时期的壁画墓，其中包括星图壁画。尹屯新莽墓星图与西安交通大学西汉墓星图有一些相似之处，都是以直线连接诸星形成星官，且兼顾星与象的绘制。不过，尹屯的星象与后者最大的不同在于并没有将星象绘在一个狭窄的环形带状区域内，而以红线将墓室的穹顶进行分区，墓顶中央绘有日、月，四周则绘满二十八宿及其他星官，且被红线分为东、西、南、北 4 个区域，各区之间又分隔为 2～5 个不等的小区（图 3-11）。这样的划分并非是严格依据天区的划分，部分星官还有重叠绘制的现象，这些区域的划分似乎只是代表了具有象征意义的方位①。总体来看，该星图中星官的位置出现不少次序颠倒和混乱的现象，属于象征性多于科学性的墓室装饰星图（图 3-12）。

图 3-11 河南洛阳
尹屯新莽墓星图

---

① 冯时，洛阳尹屯西汉壁画墓星象图研究，《考古》，2005 年第 1 期：64-75 页。

图 3-12 河南洛阳尹屯新莽墓壁画星象图

陕西靖边县东汉墓星图

2015 年，在陕西靖边县杨桥畔镇杨二村发现一处早期被盗的汉代壁画墓，年代大约为东汉中晚期。该墓由墓道、封门、前室和后室组成，墓道为长斜坡，墓室为砖券拱顶结构，墓室平面近"日"字形，墓室顶部绘有三垣、二十八宿及其他不同星官的星图（图 3-13 至图 3-15）。该天文星图以"北斗"为中心，以二十八宿为边界，主要描绘了二十八宿以内天区的主要星官，整体结构属于早期"三垣二十八宿"体系，且大多数星宿和星官有题名，并绘有人物或动物图像，是一幅兼具艺术和科学价值的汉代天文图[①]。

由于曾侯乙墓二十八宿漆箱只有二十八宿名称，没有星官图像；西安交通大学西汉墓星图只绘有二十八宿的星官形状和星官图像，没有星宿名称。杨桥畔东汉墓星图由于同时具有星宿题名和图形，被认为是近年来关于二十八宿星图和早期星图的重要考古发现。

---

① 段毅、武家璧，靖边渠树壕东汉壁画墓天文图考释，《考古与文物》，2017 年第 1 期：78-88 页。

图 3-13　陕西靖边县杨桥畔东汉墓墓室结构

图 3-14　陕西靖边县杨桥畔东汉墓星图壁画

图 3-15　陕西靖边县杨桥畔东汉墓星图壁画（线描图）

虽然杨桥畔东汉墓星图没有绘出完整的三垣，图正中有"北斗""郎位"和"天牢"等星，而环绕"郎位"的 6 颗星则大致反映了太微垣的区域。"郎位"的左端绘有伏羲和女娲的图像（图 3-16）。此外，星图中还分别用红色和白色绘出太阳及月亮，其中还分别绘有三足乌和蟾蜍的图形。

在这幅星图壁画的二十八宿中，东方七宿中"氐""房""心""尾""箕"五宿的题名依

"北斗""郎位"和"天牢"

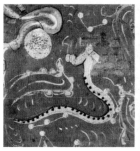

女娲和伏羲

图 3-16　陕西靖边县杨桥畔东汉墓星图壁画局部

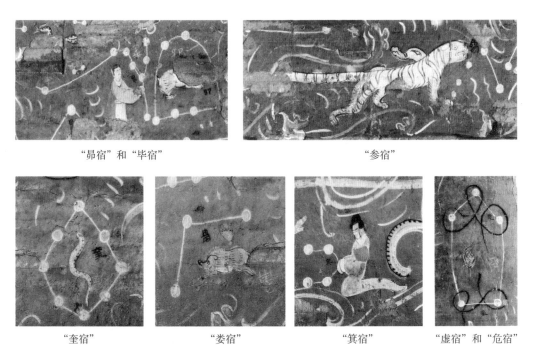

"昴宿"和"毕宿"　　　　　　　　　　　"参宿"

"奎宿"　　　　　"娄宿"　　　　　"箕宿"　　　"虚宿"和"危宿"

图 3-17　陕西靖边县杨桥畔东汉墓星图壁画局部

图 3-18　"弧矢"和"狼"

（"狼"即为天狼星，图中狼的左上一颗星代表天狼星；图左一圈星为"弧矢"）

旧可见，"角"和"亢"两宿题名则已脱落；北方七宿存有题名"南斗""牵牛""织女""虚""危""营室""东壁"；西方七宿存有题名"奎""娄""胃""昴""毕""觜""参"；南方七宿存有题名"余鬼""东井"和"柳"，另外"星""张""翼""轸"四宿的题名则脱落。二十八宿图形中，有不少还配有人物和动物图像。例如，"毕宿"与西安交通大学西汉墓星图类似，绘有一人执毕追赶猎物状；"参宿"旁则绘有白虎，古人将西方七宿想象成白虎，参宿通常代表着虎的前肢。除了白虎，星图的其他三个方向则绘有青龙、朱雀和玄武，不过朱雀部分脱落较为严重（图3-17）。

　　除二十八宿外，壁画中还绘有"三台""天牢""五车""军市""弧矢""狼""司命""司禄"等星官，部分星官同样配有人物和动物图像，如"弧矢"和"狼"就反映了"弧矢射天狼"的场景（图3-18）。另外，还有做牵牛状的"牛郎"和做织布状的"织女"。

　　值得指出的是，此前在2009年陕西靖边县就曾出土过类似的壁画星图，但仅见个别星官题名，其完整性不如2015年这次发掘的星图。从内容上判断，这两幅星图风格基本一致，年代也相近（图3-19）。另外，地域相邻的定边县郝滩镇也出土有二十八宿星象图，但同样不如这次发掘完整。

图3-19　"牛郎"和"织女"图像比较

（陕西靖边县杨桥畔镇壁画，左为2009年出土，右为2015年出土）

吉林集安高句丽墓四神图

高句丽（前37～668年，南北朝时期改称"高丽"）曾是对中国东北地区和朝鲜半岛影响较大的少数民族政权之一，吉林省集安县为古代高句丽的京都丸都城。20世纪40年代初期，在鸭绿江畔的集安县洞沟（旧称辑安县通沟）发现了大量古墓。其中遗留有一万余座高句丽时期的墓葬，为中国境内少数民族地区古墓群之冠。2004年，中国高句丽王城、王陵及贵族墓葬与朝鲜高句丽葬墓群被共同列入《世界遗产名录》。

集安高句丽墓中有不少为壁画墓，壁画的内容也非常丰富。其早期和中期的壁画十分贴近生活，晚期壁画则有相当一部分为神话传说和宗教内容，特别是绘有不少天象图，这其中最为普遍的就是四神图。例如，1962年发掘的禹山墓区中部五盔坟中就有多处四神壁画，这些四神壁画风格和形态皆十分相似，如青龙吐舌腾飞、白虎张口睁目、玄武龟蛇缠绕（图3-20至图3-23）。墓室南壁为入口，墓门两边绘有两只相向的朱雀，皆冠如火焰，具有很高的艺术价值（图3-24）。

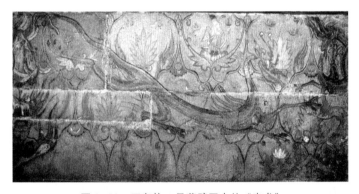

图3-20 五盔坟4号墓壁画中的"青龙"

图3-21 五盔坟5号墓壁画中的"青龙"

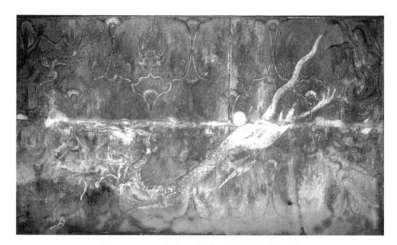

图 3-22　五盔坟 5 号墓壁画中的 "白虎"

图 3-23　五盔坟 5 号墓壁画中的 "玄武"

图 3-24　五盔坟 5 号墓南壁上绘有一对 "朱雀"

河南洛阳孟津北魏元乂墓星图

元乂（484～525年）字伯隽，北魏宗室大臣，道武皇帝五世孙，太师京兆王世子。他曾得宣武灵太后（胡太后）赏识得以握国柄，后与宦官刘腾发动宫廷政变。其后胡太后重新掌政后，元乂被赐死。因为元乂之妻为胡太后之妹，他得以优葬，被封为"江阳王"。元乂墓位于河南洛阳孟津县朝阳镇，在1974年考古调查时获残留墓志一角，内容与北魏江阳王元乂墓志密合，得以确定墓主人为元乂。

元乂墓为洞穴砖券墓，由墓道、墓门、甬道和墓室组成。墓室的主室为方形，穹顶结构，南北长7.5米，东西宽7米，高约9.5米。此墓先后于1925年和1935年多次被盗掘，墓室四周壁画全部被盗墓者破坏，仅有四象残迹依稀可辨。墓室顶部天象图则保存尚完好，该图呈不规则圆形，施以淡蓝色波纹的银河纵贯南北，图中绘有300余颗大小相似的红色星点，亮星之间有的还用红线连接，组成不同星官，其中大多可以辨识[1]（图3-25）。

由于从战国到两汉时期的墓室壁画星图多为象征性，星数一般都不多，

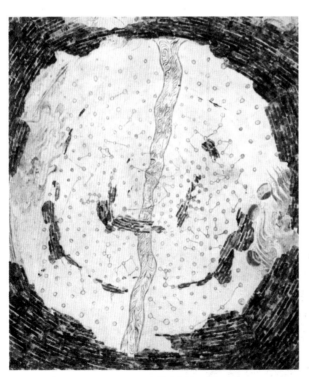

图3-25　元乂墓墓室顶部天象图

---

[1] "北魏元乂墓星图"，载吴守贤、全和钧主编的《中国古代天体测量学及天文仪器》。

位置通常也不够精确。元义墓星象图则具有一定的写实性，是已知星图中较早具有写实性质的星图，反映了魏晋南北朝时期，星图从示意性向基于天文观测的实测星象图转变的过程[①]。

陕西乾县唐章怀太子李贤墓星图

1972 年，陕西乾县乾陵陪葬墓之一的章怀太子李贤（655～684 年）墓中发现了大量的壁画。李贤是唐高宗李治与皇后武则天的次子，后因反对武氏政权被废为庶人，后死于巴州。神龙二年（706 年）迁葬乾陵，唐睿宗时追谥为章怀太子。李贤墓由墓道、过洞、天井、甬道、前室和后室组成，墓中有壁画 50 多组。其中墓室顶部为一幅天象图，该图曾绘过两次，第一次为神龙二年，星辰用白色涂料刷点；第二次为景云二年（711年），为李贤被追谥太子后，原图上的星辰重新用金箔、银箔及黄色涂料刷点。天象图中的星官均为随意绘制，主要起着装饰效果，象征皇室成员与天道相通的意愿（图 3-26）。

这一时期，乾陵还有多个墓室绘有类似星图，如懿德太子

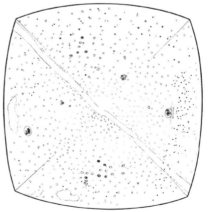

图 3-26 唐章怀太子李贤墓天象图及其线描图

① 薄树人，"中国古星图概要"，载陈美东主编的《中国古星图》。

图3-27　唐懿德太子李重润墓天象图

李重润（682～701年）墓和永泰公主李仙蕙（684～701年）墓。李重润为唐中宗李显之子，因窃议武则天事，被赐死，神龙二年迁葬乾陵，追谥为懿德太子，其墓室顶部天象图为银灰色涂底，满天星辰和银河为白色（图3-27）。李仙蕙为唐中宗李显之女，嫁武延基为妻，于大足元年（701年）去世。中宗神龙二年（706年），与其夫合葬于乾陵（位于今陕西省乾县）。①

新疆吐鲁番唐代伏羲女娲图

伏羲和女娲是我国古代神话传说中的人物，相传两人是兄妹（也有传说为夫妻），人首蛇身。女娲教人桑织，伏羲则教人结网、从事渔猎和畜牧。汉代画像石、画像砖，以及墓室壁画中都出现有大量的伏羲女娲形象。

最为常见的形象为两者上身相连，蛇尾相交，伏羲持规，女娲持矩。另外，目前出土的唐代"伏羲女娲图"数量也非常可观，样式上皆差别不大，通常为伏羲、女娲搭肩而立，蛇尾相绕，人物装束也由之前的汉代服装转化为唐人装束，背景则绘有星图，而唐以后"伏羲女娲"的题材似乎不再流行，所以较为少见。

---

① 潘鼐，"星象体制的演变与唐代的恒星观测"，载《中国恒星观测史》。

　　"伏羲女娲图"在新疆吐鲁番地区出土较多，从南北朝到唐代的墓葬里已经出土多达几十幅类似的绢画，这些画皆上宽下窄，与棺形相似，常覆盖于棺上，或画面朝下，用木钉固定在墓顶[①]（图3-28）。例如，故宫博物院藏有伏羲女娲绢画一幅（图3-29），为1963年4月出土于新疆吐鲁番阿斯塔那古墓，伏羲女娲头上有圆轮，象征太阳；尾下有月牙，象征月亮；画面四周还遍布大小相等的圆圈，部分以线相连，象征星辰。

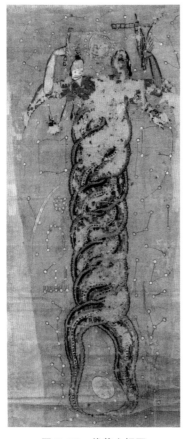

图 3-28　伏羲女娲图

（新疆阿斯塔那墓地出土，1929
年由旅顺博物馆入藏）

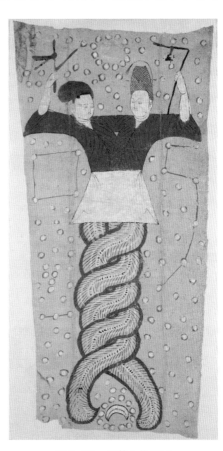

图 3-29　伏羲女娲绢画

（1963年出土于新疆阿斯塔那古墓，故宫博
物院藏）

① 巫新华，《新疆绘画艺术品》，山东美术出版社，2013年。

河北宣化辽墓星象图

　　1971 年，在河北宣化发现了辽代晚期张世卿家族墓葬群，共计十几座，年代分别自大安九年（1083 年）至天庆七年（1117 年），墓主人大多是没有官职的汉族平民。这些墓葬中基本都有精美的壁画，其内容丰富、色彩鲜艳，堪称辽代壁画的瑰宝。其中，最具代表性的是一座建于天庆六年的墓葬，墓主人为辽代汉族官员张世卿。1993 年，此墓连同周边的十余座张氏家族墓地中出土的 76 件壁画被选为当时"全国十大考古发现"之一。

　　张世卿墓穹顶上绘有一幅彩色星象图，直径约为 2.17 米，被称为"宣化辽墓星象图"（图 3-30）。此星图由若干同心圆构成，中心嵌有一面铜镜，直径约为 35 厘米。铜镜四周绘有莲花，表明墓主的佛教信仰，莲花外径约为 1 米，莲花花瓣有两层，各为九瓣，为红、白二色加墨线勾

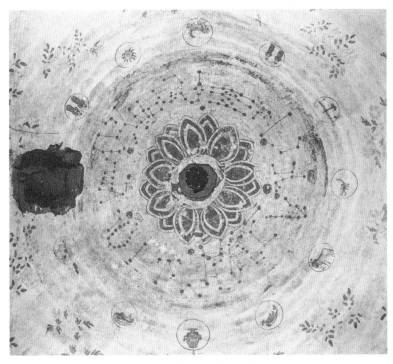

图 3-30　张世卿墓穹顶星象图

绘而成。莲花外面一圈为九颗大星，其中东方偏南为一颗直径约 6 厘米
的红色大星，内有金乌，代表太阳；另外，还有四颗稍小的红色星和四
颗蓝色星。红星分别位于东、西、南、北四个方向上。蓝星分别位于东
北、东南、西北、西南的方位上。这些星可能代表了九曜中除了太阳之
外的其他八颗星。此外，这一层的东北方还绘有北斗七星，斗柄的第二
颗星开阳附近则绘一小星为辅星[①]。

　　九星外面一圈则是二十八宿，各星为红色星点，直径 2～3 厘米，并
有红线连接组成各宿星官，二十八宿星官共绘有 169 颗星。二十八宿之
外有间距相等的十二个圆圈，为黄道十二宫，但正西方的盗洞处正好位
于金牛宫，故图像无存。图中十二宫的形象已经中国化，如人马宫并非
西方人首马身射箭的形象，而是绘一人执鞭牵马；双子宫也非西方孪生
幼童的形象，而是一对男女拱手而立（图 3-31）。

图 3-31　张世卿墓星象图中的黄道十二宫局部

　　黄道十二宫大约是在隋代通过佛经翻译传入中国的，该图也是已知较
早绘有黄道十二宫的中国古代星图，反映了隋唐以来中国与印度、阿拉伯
等地区的天文学交流情况[②]。另外，在张氏家族墓葬群中的张文藻和张匡正
等墓葬中也绘有类似的星图，风格也基本一致（图 3-32 和图 3-33）。

① 郑绍宗，宣化辽壁画墓彩绘星图之研究，《辽海文物学刊》，1996 年第 2 期：46-61。
② 夏鼐，从宣化辽墓的星图论二十八宿和黄道十二宫，《考古学报》，1976 年第 2 期：35-58。

图 3-32 张文藻墓穹顶星象图

图 3-33 张匡正墓穹顶星象图

甘肃敦煌莫高窟第 61 窟十二宫图

敦煌莫高窟第 61 窟营建于五代时期，为曹氏归义军节度使曹元忠的功德窟。西夏统治敦煌时期，此窟甬道得到重修，新绘了《炽盛光佛经变图》等壁画，不过南北两壁下部的壁画已损毁，只余上面大半部分[①]。第 61 窟甬道南北两壁上各绘有一幅《炽盛光佛经变图》，其中南壁《炽盛光佛经变图》中的炽盛光佛结跏趺坐于大轮车上，车尾插龙纹旌旗，九曜星神三面簇拥。画中云端列有二十八宿星官像，皆作文官装束，四身一组，共七组，但目前仅存五组（图 3-34）。其间还绘有十二宫图案，现存十宫，其一无法辨认，自东向西依次为金牛宫、室女宫、白羊宫、摩羯宫、天秤宫、双子宫、巨蟹宫、天蝎宫和双鱼宫，壁画下部还有汉文与西夏文题名[②]（图 3-35）。

图 3-34　莫高窟第 61 窟甬道南壁《炽盛光佛经变图》局部

第 61 窟北壁的《炽盛光佛经变图》与南壁相似，但残缺比较严重，九曜星神仅存其四，黄道十二宫仅存九宫，分别为白羊宫、天蝎宫、天秤宫、室女宫、摩羯宫、人马宫、金牛宫、宝瓶宫、狮子宫。

---

① 朱生云，西夏时期重修莫高窟第 61 窟原因分析，《敦煌学辑刊》，2016 年第 3 期：123-134 页

② 赵声良，莫高窟第 61 窟炽盛光佛图，《西域研究》，1993 年第 4 期：61-65 页。

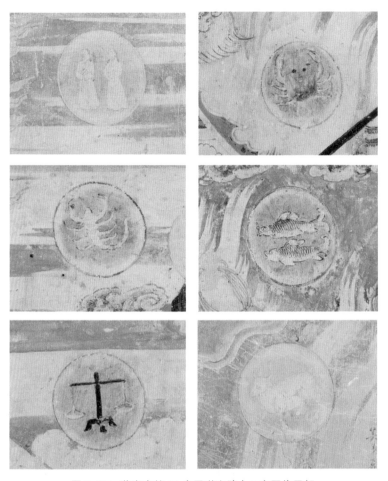

图 3-35　莫高窟第 61 窟甬道南壁十二宫图像局部

北京隆福寺明代藻井星图

　　隆福寺始建于明代景泰三年（1452 年）六月，次年三月建成，是明代宗朱祁钰敕建的皇家寺院，该寺在明清两代均有修葺，为前后五重院落，宏大壮观。院中最主要的佛殿为正觉殿，又称万善正觉殿，俗称三宝殿。正觉殿内有三组造型不同的藻井，分别置于三世佛的顶部。在古建筑中，藻井的使用象征着尊贵与等级，它如同伞盖般高出天花之上，用以烘托和象征天宇般的崇高和伟大 [1]。

隆福寺正觉殿藻井是我国现存明代藻井实物中的精品，整个藻井的结构为方井内含有圆井，圆井内又含有方井，层次感强、色彩光亮。藻井中包含有彩色全天星图一幅，星图外规直径约 161 厘米，绘于藻井天花板之上，为建寺之初的遗物（图 3-36）。清代光绪二十七年（1901 年），寺庙遭遇大火，正觉殿幸免于难。后因受唐山大地震的影响，大殿于 1977 年被拆除，藻井星图则被移至北京天文馆；1991 年，经修复后重新展览于北京古代建筑博物馆。

该星图使用深蓝色作为背景，用沥粉堆金描绘星点，约有星 1400 余颗。该图以北天极为圆心，内规、中规（天

图 3-36 隆福寺明代藻井星图

---

[1] 李小涛，北京隆福寺正觉殿明间藻井修复设计与浅析，《古建园林技术》，1996 年第 4 期：47-50 页。

赤道）和外规半径分别约为 15.8 厘米、47.5 厘米和 80.5 厘米。内规到外
规绘有二十八宿的宿度经线，未绘有黄道和银河，重规上注有十二次、
十二辰和分野（图 3-37），其绘制年代大约为 15 世纪中期，但所依据的
底本可能是源自唐代以前的某幅星图[1]。作为保存至今的古建筑星图，该
图绘制规范，藻井的仰视效果给人以身临其境的感觉，是一幅具有很高
科学价值和艺术价值的古代星图。

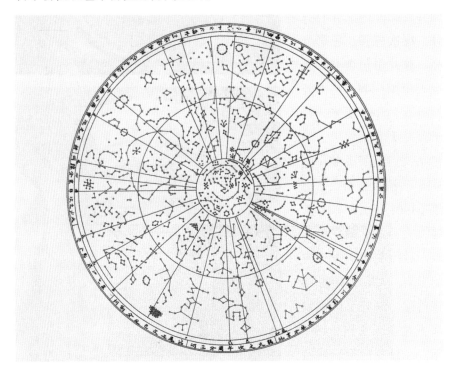

图 3-37　隆福寺明代藻井星图（线描图）

---

[1]　伊世同，"北京隆福寺藻井天文图"；潘鼐，"北京原隆福寺万善正觉殿星图"，载《中国古星图》。

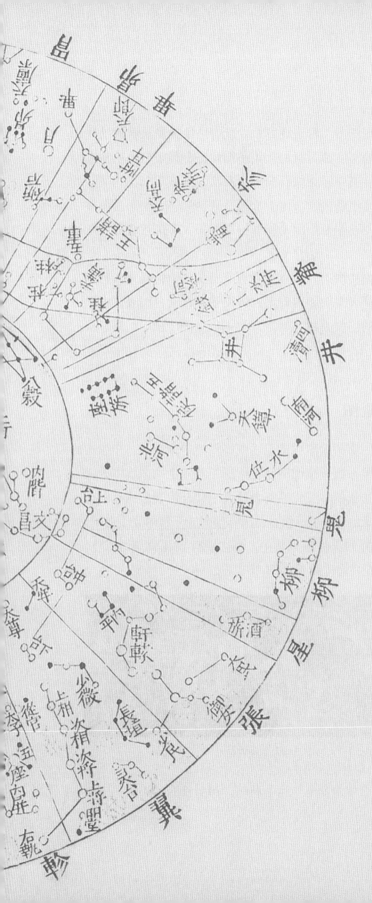

第四章

石刻星图

石刻星图是古代星图的另一种表现形式，既有描绘抽象星官的汉代画像石，也有刻于墓顶的写实或写意的全天星图，还有刻于棺盖或墓志铭函盖上的星象图案等。其中，画像石萌发于西汉，鼎盛于东汉，是一种石刻画，常用于装饰墓室和祠堂，而石刻星图则是除墓室壁画星图外的另一种星图绘制手段。石刻星图因为材质的原因，大多保存较好，是难得的古星图资料。

此外，还有一些石刻星图碑石常立于寺观或府学之中，起着宣扬和教化的作用，如苏州石刻天文图和内蒙古五塔寺蒙文石刻星图等，由于这类石刻星图面向普通的臣民百姓，加之方便拓印，流传较广，具有很好的教育和传播效果。

汉代画像石星象图

早期描绘星官形状的墓葬星图可见于一些汉代的画像石上。作为古代祠堂或墓室中的石刻装饰画，画像石题材广泛，画面生动，其中天文星象画像石占有相当大的比例。汉代星象画像石中具有代表性的有山东济宁市嘉祥县东汉武梁祠北斗帝车画像石，绘有排列成斗状的北斗七星，斗杓下有祥云，天帝模样的天神坐其中，旁边绘有顶礼膜拜的臣仆，以及骑马的护卫、马车等装饰（图4-1）。

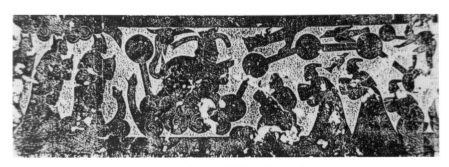

图4-1 东汉北斗帝车画像石拓本

该画面主要反映了"斗为帝车"这一典故，司马迁在《史记》中有言，"斗为帝车，运于中央，临制四乡"[1]，意思是位于紫微垣的北斗七星地位显赫，是天帝的御车，载着天帝在天的中央来回巡视四方的臣民。另外，图上还有龙和鸟的形象，这有可能是青龙和朱雀的象征。右上部还绘有手持一星的长翼小神，位于斗柄的第二星开阳附近，这实际上就是开阳的伴星——辅星。

　　除了北斗七星，含有牛郎和织女星象的画像石也较为常见，如河南南阳出土的东汉画像石中就有一块右上角绘有牛郎星，星下画一人做扬鞭牵牛状；左下角绘有织女星，里面跪坐着一位头挽高髻的女子（图4-2）。不过，这类星象图多为示意性，并非为真实星空的反映，通常是将不同的星官拼合在一起，并加入了作者的想象。

图4-2　河南南阳东汉星象画像石拓本

五代墓志铭函盖星图

　　1971年，在江苏南通南唐墓中出土的"唐东海徐夫人墓志铭"函盖，现藏于南京博物院。函盖上除刻有墓主人姓氏和籍贯外，四周刻有八卦、十二生肖、四象和二十八宿，中部还刻有日月，以及勾陈和华盖两个星座（图4-3）。与此相类似的墓志铭函盖还有出土于江苏邗江的唐太原王氏墓志铭函盖星图（图4-4）等。

---

[1]《史记》，"天官书"。

图 4-3　唐东海徐夫人墓志铭函盖星图

图 4-4　邗江南唐王夫人墓函盖星图

五代钱元瓘墓石刻星图

1965 年，杭州玉皇山下发现了钱元瓘墓，墓主钱元瓘是五代十国时期吴越国的第二任君主。钱元瓘原名钱传瓘，是吴越开国国君武肃王钱镠的第五子，他在位十年，遵从先王遗命推行尊奉中原的政策，使用中原大国年号，先后臣服于后唐、后晋两朝。其执政期间，勤于政事，算得上是一位称职的君主。不过，钱元瓘在生活方面比较奢侈，因大兴土木，营建府署，导致劳民伤财，徭役繁重。

后晋天福六年（941 年）六月，杭州城起火，先是民宅遭火，然后王宫也起火，火势汹涌蔓延，富丽堂皇的皇室楼台被焚毁。钱元瓘因此受惊病倒，八月病卒，谥"文穆王"。《旧五代史》记载，"元瓘幼聪敏，长于抚驭，临戎十五年，决事神速，为军民所附，然奢僭营造，甚于其父，故有回禄之灾焉"[1]。

钱元瓘墓星图刻于后室顶部石板上，石板长 4.71 米，宽 2.66 米，厚 0.31 米。星图以北极为中心，为三个同心圆状[2]（图 4-5 和图 4-6）。其中

 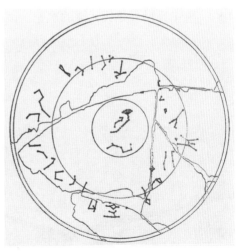

图 4-5　吴越国钱元瓘墓石刻星图（拓本）　图 4-6　吴越国钱元瓘墓石刻星图（线描图）

① 《旧五代史》，卷一百三十三，世袭列传二。
② 浙江省文物管理委员会，杭州、临安五代墓中的天文图和秘色瓷，《考古》，1975 年第 3 期：186-194 页。

最里面的内规（恒显圈）直径约49.5厘米，刻有北极、勾陈、华盖和北斗这几个星宿；中间的圆圈为中规（天赤道），直径约119.5厘米，赤道内外刻二十八宿星官；最外圈为外规，刻有双线圆圈，直径约189.5厘米。整幅星图共有星官32个，附官13个，本应有星218颗，现仅存183颗，缺失35颗。星图对应的地理纬度为北纬37度，这与位于北纬30度的杭州并不吻合。此星图刻于后晋天福六年，是已知中国最早的石刻全天星图，其星象位置十分准确，所据底本可能是唐中叶的某幅实测星图 [①]。

星图中的"华盖"是中国古代星官之一，属紫微垣，共十六星，形似伞状。《三命通会》[②] 云，"华盖者，喻如宝盖，天有此星其形如盖，常覆大帝之座"。勾陈又作钩陈，亦为紫微垣古星名，共六星。《晋书·天文志》有云，"北极五星，钩陈六星，皆在紫宫中……钩陈，后宫也，大帝之正妃也，大帝之常居也"。其中的勾陈一即为现代的北极星，今属小熊座（图4-7）。

另外，1958年，在杭州施家山南坡还发现了吴汉月墓石刻星图（图4-8），墓主吴汉月是钱元瓘的次妃。该墓星图同样刻于后室顶部石板上，

图 4-7 吴越国钱元瓘墓石刻星图（局部）

["华盖""勾陈""北极"在右侧，"北斗"在左侧]

---

① 潘鼐，"星象体制的演变与唐代的恒星观测"，载《中国恒星观测史》。
② 《三命通会》是明代进士万民英主编的传统命理学巨著。

尺寸与钱元瓘墓星图相近，内规直径约 42.6 厘米，内刻有北极和北斗星官；外刻二十八宿，但未刻有中规；最外圈的外规也刻有双线圆圈，直径约 1.8 米。全图共有星官 30 个，附官 9 个。该图本该有星 189 颗，现仅存 178 颗，缺失 11 颗。除了一些细节上的差异，其图形与钱元瓘墓星图基本一致。

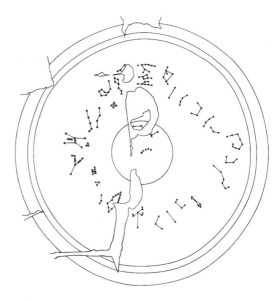

图 4-8　吴汉月墓石刻星图（线描图）

南宋苏州石刻天文图

苏州石刻天文图高约 216 厘米，宽约 106 厘米，分为上下两部分，上部是星图，下部是图说（图 4-9）。其中，星图部分的直径为 91.5 厘米，下方有说明文字 41 行。这幅星图是根据北宋元丰年间（1078～1085 年）的天文观测结果完成的，由黄裳于南宋光宗绍熙元年（1190 年）绘制献呈，最后由王致远于南宋理宗淳祐七年（1247 年）刻制而成[1]。

苏州石刻天文图使用盖天式圆图，以北天极为圆心，刻画有三个同心圆圈。内圆圈为直径 19.9 厘米的内规，为北纬 35 度附近的常显圈，描绘了这一地区常年不落的常见恒星；中圆圈为直径 52.5 厘米的天赤道（中规）。外圆圈为直径 85 厘米的外规，相当于恒隐圈的范围，包括了赤道以南约 55 度以内的恒星。与天赤道相交的还有黄道圈，黄赤交角约为 24 度，黄道与赤道相交于奎宿和角宿。图中还有按二十八宿距星从天极

---

① 席泽宗，苏州石刻天文图，《文物》，1958 年第 7 期：27-29 页。

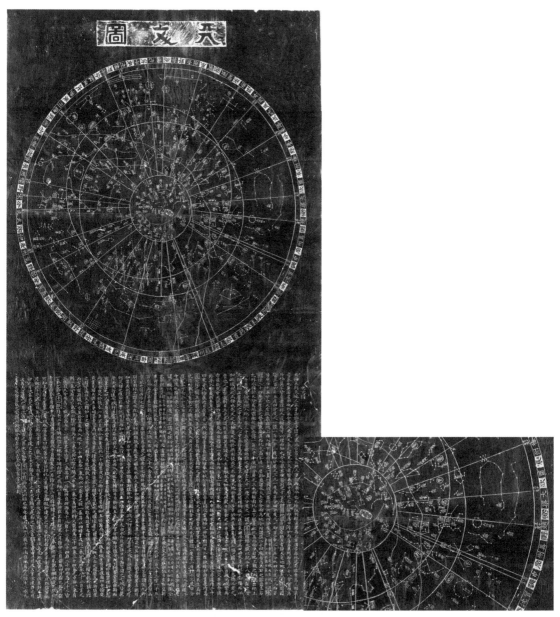

图 4-9 苏州石刻天文图（拓本及局部）

引出的宽窄不同的宿度经线，二十八条辐射状线条与三个圆圈正向相交。外规之外还有两个具有刻度的圆圈，一个注明了二十八宿的数据，另一个注明了与之相应的十二次、十二辰及州国分野的名称[①]。

苏州石刻天文图共刻有恒星 1 400 多颗，星图中有银河斜贯其中，碑石上的银河刻画清晰，银河分叉处也非常细致。星图下的说明文字，依次解说天、地、人"三才"源流及其关系，以及"天体""地体""北极""南极""赤道""日""黄道""月""白道""经星（恒星）""纬星（金、木、水、火、土五大行星）""天汉（银河）""十二辰""十二次""十二分野（十二州国）"等概念。准确地阐释了中国古代的"三才说""五行说""三垣说""十二次"，以及"分野说"等观念，具有很好的天文教育功能。

由于这幅星图刻于石碑上，非常方便拓印，加之构图严谨规范，镌刻精致有序，因此流传极为广泛，影响深远，在天文知识的传播方面起着非常重要的作用。

苏州石刻天文图"跋"

太极未判，天地人三才函于其中，谓之"混沌"云者，言天地人浑然而未分也。太极既判，轻清者为天，重浊者为地，清浊混者为人。清者为气也，重浊者形也，形气合者人也。故凡气之发见于天者，皆太极中自然之理。运而为日月，分而为五星，列而为二十八舍，会而为斗极，莫不皆有常理，与人道相应，可以理而知也。今略举其梗概，列之于下。

天体圆，地体方。圆者动，方者静。天包地，地依天。

「天体」周围皆三百六十五度四分度之一，径一百二十一度四分度之三。凡一度为百分，四分度之一即百分中二十五分也，四分度之三即百分中七十五分也。天左旋，东出地上，西入地下，动而不息。一昼一夜，行三百六十六度四分度之一，缘日东行一度故。天左旋三百六十六度，然后日复出于东方。

---

① 杜昇云，苏州石刻天文图恒星位置的研究，《北京师范大学学报（自然科学版）》，1982 年第 2 期：81-93 页。

「地体」径二十四度，其厚半之，势倾东南，其西北之高不过一度。邵雍谓"水火土石合而为地"，今所谓"径二十四度"者，乃土石之体尔。土石之外，水接于天，皆为地体。地之径亦得一百二十一度四分度之三也。两极，南北上下枢是也。北高而南下，自地上观之，「北极」出地上三十五度有余，「南极」入地下亦三十五度有余。两极之中，皆去九十一度三分度之一，谓之「赤道」，横络天腹，以纪二十八宿相距之度。大抵两极正居南北之中，是为天心，中气存焉。其动有常，不疾不徐昼夜循环，干旋天运，自东而西，分为四时，寒暑所以立，阴阳所以和，此后天之太极也。先天之太极，造天地于无形；后天之太极，运天地于有形。三才妙用尽在是矣。

「日」太阳之精，主生养恩德，人君之象也。人君有道则日五色，失道则日露其愆，谴告人主而儆戒之。如史志所载"日有食之""日中乌见""日中黑子""日色赤""日无光"或"变为孛星，夜见中天，光芒四溢"之类是也。日体径一度半，自西而东，一日行一度，一岁一周天，所行之路谓之「黄道」，与赤道相交，半出赤道外，半入赤道内。冬至之日，黄道出赤道外二十四度，去北极最远，日出辰，日入申，故时寒，昼短而夜长。夏至之日，黄道入赤道内二十四度，去北极最近，日出寅，日入戌，故时暑，昼长而夜短。春分、秋分，黄道与赤道相交当两极之中，日出卯，日入酉，故时和昼夜均焉。

「月」太阴之精，主刑罚、威权，大臣之象。大臣有德，能尽辅相之道，则月行常度。或大臣擅权，贵戚宦官用事，则月露其愆而变异生焉。如史志所载"月有食之""月掩五星""五星入月""月光昼见"或"变为彗星陵犯紫宫、侵扫列舍"之类是也。月体径一度半，一日行十三度百分度之三十七，二十七日有余一周天，所行之路谓之「白道」，与黄道相交，半出黄道，外半入黄道内，出入不过六度，如黄道出入赤道二十四度也。阳精犹火，阴精犹水，火则有光，水则会影。故月光生于日之所照，魄生于日之所不照，当日则光明，就日则光尽。与日同度谓之「朔」，月行潜于日下与日会也。

迤一赸三谓之「弦」，分天体为四分，谓初八日及二十三日，月行近日一分谓之迤一，远日三分谓之赸三。迤日一分受光之半，故半明半魄如弓张弦，上弦昏见，故光在西；下弦旦见，故光在东也。衡分天中谓之望，谓十五日之昏，日入西，月出东，东西相望，光满而魄死也。光尽体伏谓之晦。谓三十日，月行近于日，光体皆不见也。月行于白道与黄道正交之处，在朔则日食，在望则月食。日食者，月体掩日光也，月食者，月入暗虚不受日光也，暗虚者，日正对照处。

「经星」三垣、二十八舍中外官星是也。计二百八十三官，一千五百六十五星，其星不动。三垣，紫微、太微、天市垣也。二十八舍，东方七宿，角亢氐房心尾箕，为苍龙之体；北方七宿，斗牛女虚危室壁，为灵龟之体；西方七宿，奎娄胃昴毕觜参，为白虎之体；南方七宿，井鬼柳星张翼轸，为朱雀之体。中外官星，在朝象官，如三台、诸侯、九卿、骑官、羽林之类是也；在野象物，如鸡狗狼鱼龟鳖之类是也；在人象事，如离宫、阁道、华盖、五车之类是也。其余因义制名，观其名，则可知其义也。经星皆守常位，随天运转，譬如百官万民各守其职业，而听命于七政。七政之行，至其所居之次，或有进退不常、变异失序，则灾祥之应，如影响然，可占而知也。

「纬星」五行之精，木曰岁星，火曰荧惑，土曰填星，金曰太白，水曰辰星，并日月而言谓之七政，皆丽于天。天行速，七政行迟，迟为速所带，故与天俱东出西入也。五星辅佐日月斡旋，五气如六官分职而治，号令天下，利害安危由斯而出。至治之世，人事有常，则各守其常度而行。其或君侵臣职，臣专君权，政令错缪，风教陵迟，乖气所感，则变化多端，非复常理。如史志所载，"荧惑入于匏瓜，一夕不见"，匏瓜在黄道北三十余度，或勾巳而行，光芒震曜如五斗器。"太白忽犯狼星"，狼星在黄道南四十余度，或昼见，经天与日争明，甚者变为妖星。"岁星之精变为搀抢""荧惑之精变为蚩尤之旗""填星之精变为天贼""太白之精变为天狗""辰星之精变为枉矢"之类。如日之精变为孛，月之精变为彗，政教失于此，变异见于彼，故为政者尤谨候焉。

「天汉」四渎之精也。起于鹑火，经西方之宿而过北方，至于箕尾而入地下。二十四气，本一气也。以一岁言之，则一气耳；以四时言之，则一气分为四气；以十二月言之，则一气分为六气。故六阴、六阳为十二气。又于六阴、六阳之中，每一气分为初、终，则又裂为二十四气。二十四气之中，每一气有三应，故又分而为三候，是为七十二候。原其本始，实一气耳。自一而为四，自四而为十二，自十二为二十四，自二十四为七十二，皆一气之节也。

「十二辰」乃十二月斗纲所指之地。斗纲所指之辰，即一月元气所在。正月指寅，二月指卯，三月指辰，四月指巳，五月指午，六月指未，七月指申，八月指酉，九月指戌，十月指亥，十一月指子，十二月指丑，谓之月建。天之元气无形可见，观斗纲所建之辰即可知矣。斗有七星，第一星曰魁，第五星曰衡，第七星曰杓，此三星谓之"斗纲"。假如建寅之月，昏则杓指寅，夜半衡指寅，平旦魁指寅，他月效此。

「十二次」乃日月所会之处。凡日月一岁十二会，故有十二次。建子之月，次名元枵；建丑之月，次名星纪；建寅之月，次名析木；建卯之月，次名大火；建辰之月，次名寿星；建巳之月，次名鹑尾；建午之月，次名鹑火；建未之月；次名鹑首；建申之月，次名实沈；建酉之月，次名大梁；建戌之月，次名降娄；建亥之月，次名陬訾。

「十二分野」即辰次所临之地也。在天为十二辰、十二次，在地为十二国、十二州。凡日月之交食，星辰之变异，所临分野，占之或吉或凶，各有当之者矣。

明代常熟石刻天文图

苏州石刻天文图影响了此后其他石刻星图，如明代正德元年（1506年）常熟知县计宗道（1461～1519年）等人就以此图碑为基础，制作了新的石刻星图，被后人称为"常熟石刻天文图"。

常熟石刻天文图（图4-10）原与地理图并列于常熟邑学礼门东西两侧，

《海虞文征》地理图跋记载，"吏部考功大夫杨先生名父，尝令吴之海虞，树碑宣圣庙戟门，左图天文，右图地理。拓者甚众，日就磨灭，予命工重镌之石"[1]。此外，常熟石刻天文图跋也提到"此图宋人刻于苏州府学，年久磨灭，其中星位亦多缺乱，乃考甘石巫氏经而订正之，翻刻于此"[2]，说明了两者之间的渊源。

常熟石刻天文图碑高2米，宽约1米，厚24厘米，内容基本与苏州石刻天文图类似，其星图部分订正了苏州石刻天文图中的星位缺乱部分，但总体准确度不如苏州石刻天文图。碑石也因年久风化，部分表面有损，但星图的主要内容及周围点缀的云

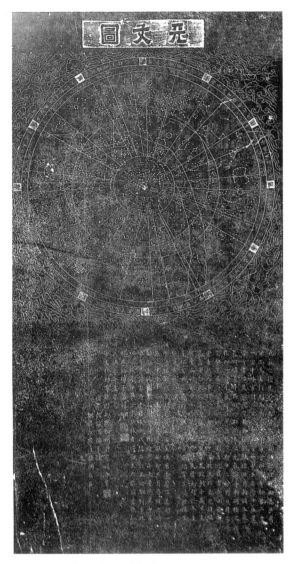

图 4-10　常熟石刻天文图（拓本）

霓纹依然清晰可见。星图下方有二十三行碑文，三百八十余字，不但介绍了天体起源，《史记·天官书》中的天区区划、星官数和恒星总数，经

① 《海虞文征》，卷十五。
② 常熟石刻天文图 "天文图跋"。

星（恒星）和纬星（五大行星），以及十二辰、十二次、分野等，还记录了此图的缘由及题跋刻碑的有关人员。可以说，常熟石刻天文图是继苏州石刻天文图之后的又一重要的古代石刻星图。

不过，常熟石刻天文图与苏州石刻天文图亦有不少差别。譬如苏州石刻天文图以纽星为极，常熟石刻天文图赤极则在纽星和勾陈之间，离纽星约3度，似乎考虑了岁差的修正。然而，从春分点和其他某些星宿位置看来，常熟石刻天文图基本上没有考虑岁差。此外，常熟石刻天文图的星官连线、形状和方向，也与苏州石刻天文图有很大不同，两者总计有87个星官有所差异。可能是重刻的原因，其星官位置的精确度差于宋代的苏州石刻天文图及《新仪象法要》星图[①]。

常熟石刻天文图"跋"

凡气之发见于天者，皆太极自然之理，运而为日月，分而为五行，列而为二十八宿，会而为斗极。若二十八宿中外官，计二百八十三座，一千五百六十五星。皆守常位是曰经星。若五行则辅佐日月，斡旋五气是曰纬星。斗极所以斟酌天之元气，观斗杓所指之辰，即一月元气所在。十二辰次，即十二分野，日月之交会，星辰之变异，以所临分野占之，或吉或凶各有当者。然人事作于下，天象应于上，故为政者，尤谨候焉。孟子曰："天之高，星辰之远，苟求其故，则千岁已至，可坐而致。"此古今观天文之妙诀。夫历元起子冬至，星位定于立春，即是推之，天道在指掌矣。近世儒生好是古非今，谓我朝历法视前代多讹谬，亦大妄矣。使有毫厘之差，则一岁之中七十二气安得若是准验邪？日月昏晓，亦将颠倒矣。此图宋人刻于苏州府学，年久磨灭，其中星位亦多缺乱，乃考甘石巫氏经而订正之，翻刻于此，以示后来庶几欲求其故者得观夫大概。前常熟知县慈溪杨子器跋。

大明正德元年孟春赐进士文林郎常熟县知县柳州计宗道手书

儒学教谕洛阳李隆

训导江陵汪颖同立石

---

① 中国科学院紫金山天文台古天文组，常熟石刻天文图，《文物》，1978年第7期：68-73页。

清代蒙文石刻星图

内蒙古自治区呼和浩特市五塔寺中有一幅蒙文石刻星图。五塔寺为雍正五年（1727年）小召（崇福寺，俗称小召，康熙平叛噶尔丹的主碑立于此召内）的喇嘛奏请清廷筹建，后赐名为"慈灯寺"，因为该寺后有"金刚座舍利宝塔"一座，宝塔地基用砖石镶砌，并附五级台阶，塔基中部高垒塔座，顶上建有五个凌云挺秀的小塔，俗称"五塔"，所以慈灯寺后来也被称为"五塔寺召"（图4-11）。

图4-11　呼和浩特五塔寺

五塔寺的这幅蒙文石刻星图位于北边的墙面上，是以北天极为中心的赤道式圆图，其经纬线、银河和星座联线使用阴文单线刻画，黄道圈和黄赤刻度圈使用复线刻画，上面的文字除度数使用藏文数字外，其他部分都是使用蒙文标注。该石刻星图的绘制是先用毛笔勾画和书写，刻工在凿刻时把运笔的粗细、顿止都表示出来，有着很高的雕刻技艺（图4-12）。

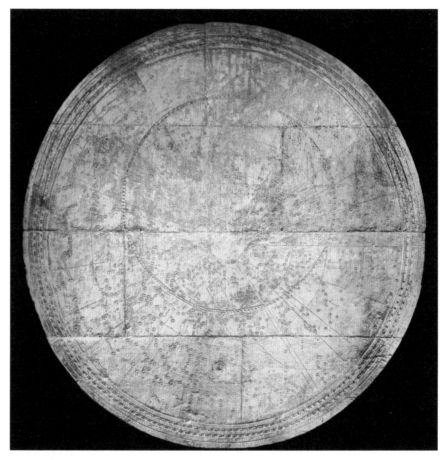

图 4-12　五塔寺蒙文石刻星图

　　整个星图的主体结构，采用五个间隔不等的同心圆圈和二十八条宿
度经线表示，星图最上方为"箕宿"，即当时的冬至点位置。五个圆圈的
直径由里往外，分别为13、46.1、71.4、95.5、127.6厘米。中间的一个
圆圈表示中规，即天赤道；第二个圆圈为"夏至线"；第四个圆圈为"冬
至线"，它们分别相当于地球上的北回归线和南回归线；最内和最外的圆
圈则是内规和外规，为常显圈和常隐圈。与其他石刻星图不同，这幅蒙
文石刻星图左下方还标有星等，明显是受到西方天文学的影响。此外，
该星图的视角与中国传统星图有所不同，采用由天空向地球俯视的视角。
星图旁还有蒙文落款——"钦天监绘制天文图"，说明它是一幅依据官方实测的清代星图，该图反映了当时民族融合和科技交流的情况。

关于这幅图的作者没有明确记载，但据推测可能与明安图（1692～1765年）有关[①]。明安图是蒙古族著名的天文学家、数学家，他曾在康熙、雍正和乾隆三朝在钦天监任职数十年之久，不但有着较高的天文水平，而且精通蒙语，可能主持或参与了这幅蒙文星图的翻译。

清代玉皇山石刻天文星图

杭州玉皇山福星观中曾有一方天文星图石碑（图4-13），为清代咸丰年间（1851～1862年）道长李紫东所立，惜石碑毁于1986年大火。碑上星图直径约1.14米，其特殊之处是将《史记·天官书》中的五大行星

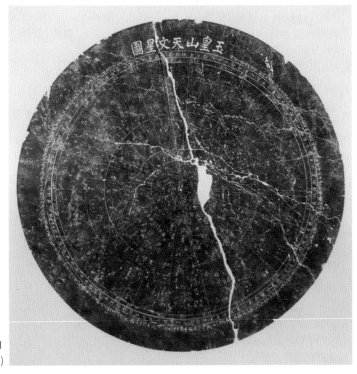

图4-13　玉皇山天文星图（拓本）

---

① 李迪、孟山林、陆思贤，"五塔寺石刻蒙文天文图"，载《呼和浩特史料（第六辑）》。

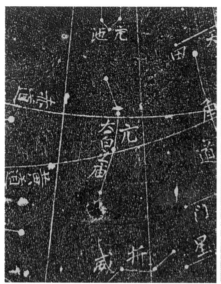
图 4-14　玉皇山天文星图（拓本）
"太白（金星）之庙"

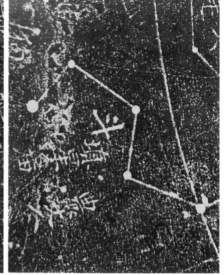
图 4-15　玉皇山天文星图（拓本）
"填星（土星）之庙"

天庙绘于星图中，如"亢为疏庙，太白（金星）庙也""斗（斗宿）为文太室，填星（土星）庙，天子之星也"[①]（图 4-14 和图 4-15）。中国古代有利用行星位置预测吉凶的传统，当行星运行至对应天庙时，就需要引起特别的注意并谨慎行事。不过，这种天庙之术在中国古代并不太流行，在星图中也较为少见[②]。

---

① 《史记》，"天官书"。

② 叶赐权，《星移物换：中国古代天文文物精华》，香港康乐及文化事务署，2003 年。

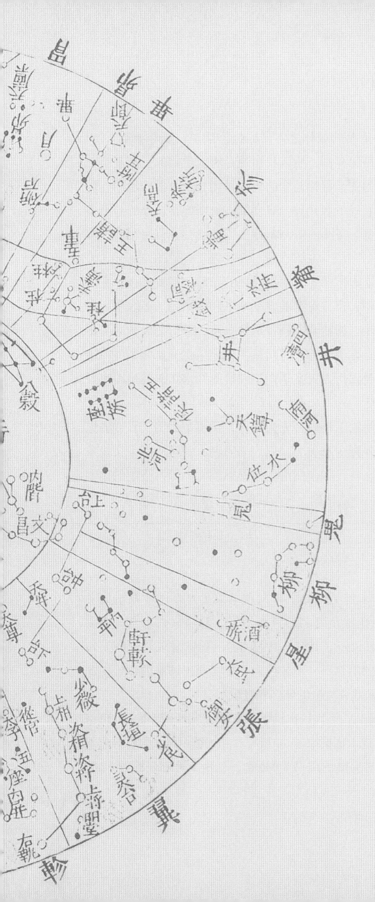

纸是古代星图最为重要的载体之一，虽然俗话说"纸寿千年"，但总体上古代纸张还是不易保存的，所以我国现存唐代之前的星图基本上皆以壁画或石刻等形式为主，保存至今的唐代星图也仅有敦煌星图，以及新疆吐鲁番星占图残卷等少数几种。宋元纸本星图留存至今的亦不多见，如北宋《新仪象法要》星图的宋刻本目前皆已不存，只有明清刊本或写本。

目前，绝大多数的纸本星图皆为明清时期的作品，形式多样，有的存于刊本和写本的书籍中，也有单独的宣纸立轴和绢本图画等。明代中前期的纸本星图相对较少，但随着印刷技术的普及，万历之后刊本星图开始大量出现，并且除官方星图外，民间星图的绘制也开始繁荣。明清之际，随着西学东渐，受到西方天文学知识和绘图技术影响的星图也开始增多，并逐渐成为主流[1]。

清代前期，星图的绘制工作以官方为主导，至清中后期，官方的恒星观测工作除道光年间外则少有作为。但这一时期，民间从事天文星象的学习和著述活动日益兴旺，如李兆洛、钱维樾和六严等人绘制的星图图集和著作，内容详尽、严谨精确，可与同时期的西方星图相媲美。

唐代敦煌星图

1907 年 3 月，一位来自英国的中年人在结束了对新疆罗布泊的考察和探险后来到敦煌，他就是著名的考古学家、探险家马尔克·奥莱尔·斯坦因（Marc Aurel Stein，1862～1943 年）。斯坦因从沿途商人口中得知关于敦煌莫高窟的消息——不久前，一个名叫王圆箓的道士在此发现了一处藏经洞，里面藏有大量的佛经和卷轴。

在获取王道士的好感后，斯坦因在助手蒋孝琬的帮助下以很低的价格（约 200 两纹银）就从王道士那换取了 24 箱写本和 5 箱绢画、刺绣等艺术品。这些内容大概包括有完整的文书 3 000 卷，其他单页和残篇约 6 000

---

① 关于"西学与星图"的内容，请阅读本书第六章。

多篇，绘画达 500 幅之多。经过 18 个月的长途运输后，这些文物大部分在 1909 年运抵伦敦，收藏于大英博物馆内（1972 年随着大英图书馆的建立，这些敦煌文献开始由大英博物馆转为大英图书馆收藏）。

在斯坦因带走的卷轴中，有一幅完整的星图，后人将其称为"敦煌星图"甲本（图 5-1）。英国著名的科技史学家李约瑟（Joseph Needham，1900～1995 年）在他的著作中曾高度评价这幅星图，称它为"世界上现存最早的科学星图"①。

图 5-1　"敦煌星图"甲本（局部）

敦煌星图属于一长卷轴，该卷轴总长 3.9 米、宽 0.244 米，采用纯桑皮纤维制成，其中星图部分约长 2.1 米。该星图由 13 幅图和 50 行文字组成，共计 1 339 颗星、257 个星官（此前席泽宗院士认为是 1 359 颗星），其数量远远超过同时期及此后相当一段时间内的欧洲星图和星表②。每月星图后面的文字，写着农历月份和主要的星宿位置，月份之后还有根据图中星宿指出太阳的所在位置及旦昏时刻的中天星官。星图中

①　李约瑟，《中国科学技术史（第三卷）：数学、天学和地学》。
②　席泽宗，敦煌星图，《文物》，1966 年第 3 期：27-38 页。

所有的星都是采用红、黄、黑三种颜色标记，这遵循了中国古代石申、甘德、巫咸氏三家星官的传统。

　　星图前面 12 幅图对应 12 个月，且每幅图的左边配有相应月令的文字，最后一幅是北极天区的星图，但没有说明文字。前面的 12 幅图是从十二月开始的，星空对应二十八宿中的虚宿和危宿（图 5-2）。星图按照每月太阳位置的所在，将赤道附近的星分为 12 段，每段天区东西距离约 30°，在每一小幅星图中画出赤纬约正负 40° 范围内的星状图形及名称，恒星用各色圆点表示，点与点之间使用黑色的连线表示星官图形。坐标方向则为上北右西，所以该星图的赤经（或黄经）自右向左递增。图中没有标记赤纬、黄道和银河，也没有绘出坐标网格。从太阳的每月位置所在来看，这沿用了《礼记·月令》中的描述，如"正月日会营室，昏参中，旦尾中"[①]。也就是说，正月的时候太阳位于星官营室附近，黄昏

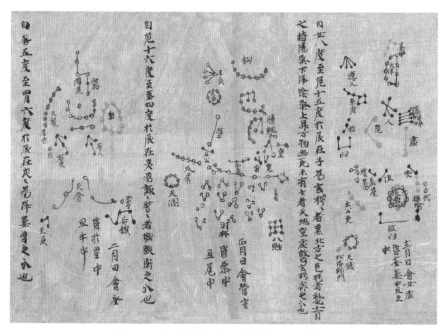

图 5-2 "敦煌星图"甲本中的前三幅"横图"
（从右至左分别对应十二月、一月和二月）

---

① "敦煌星图"甲本。

时中天对应的星是参宿，日出时中天对应的星是尾宿。

星图前面的十二个月星图使用直角坐标投影的方图，即所谓的"横图"，北极紫微垣附近的天区则为极坐标投影的"圆图"，即所谓的"盖图"（图5-3）。这也是目前已知最早的一幅分别采用"横图"和"盖图"来处理赤道附近和北极附近天区的古代星图。其中，"盖图"中北极天区绘制得非常清晰，中间有4个红色黑边圆点，分别为小熊座 γ 星、小熊座 β 星、小熊座5和小熊座4，另有一个浅色红点，这颗星可能就是北极星。整个北极天区绘有144颗星，大致对应中国古代星图中的紫微垣。

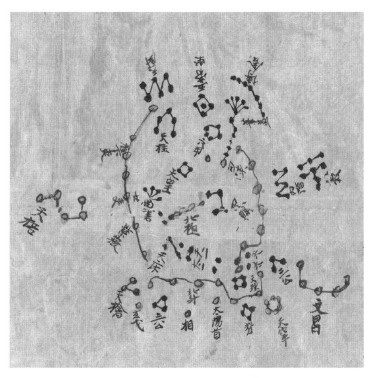

图5-3　"敦煌星图"甲本的"盖图"

近年来，法国原子能安全委员会天体物理学家让-马克·博奈-比多（Jean-Marc Bonnet-Bidaud）通过研究认为，敦煌星图很可能是一件临摹品，但总体上它所描绘星的位置非常准确，最大误差也只有几度。所以，此星图不是单靠想象进行的简单粗糙绘制，而是依据着严密的几何规则。

十二个月星图所运用的投影法和等距投影、墨卡托投影[1]一致，北极天区星图则运用了方位等距投影和立体投影。整个星图令人啧啧称奇的精确性，显示了中国古人精准的天文观测水平。不过，虽然科学性不差，但这幅图很可能是用于星占用途[2]。

根据和星图抄写在同一卷轴上的云气图和占文部分的内容，因记载有"臣淳风言"，其作者被认为是唐代天文学家李淳风（602～670年）。此外，根据其中的避讳原则[3]，图卷中避讳"民"字，可以推断出该图绘制于唐太宗李世民统治（626～649年）之后，但并不避讳"旦"字，说明在唐睿宗李旦即位（684年）之前。这些线索表明，星图的绘制年代应该是在唐代初期，或者是年代较晚的人重新抄录了这份唐代初期的星图[4]。

除了大英图书馆馆藏"敦煌星图"甲本，在敦煌卷轴中还发现有一件残缺的紫微垣星图，曾藏于甘肃省敦煌县文化馆。该图被称为"敦煌星图"乙本或"敦煌卷子紫微垣星图"。

"敦煌星图"乙本长约299.5厘米、宽31厘米，正面抄有关于唐代地域的内容，但只存有陇右、关内、河东、淮南和岭南五道的记录；反面是一幅紫微垣星图，其后还有《占云气书》一卷"字样，并有"观云章""观气章"残篇（图5-4）。该星图共绘有星官32座、星137颗，采用红黑两色绘出星点，以表示三家星，其中石氏和巫咸氏星为红色，甘氏星为黑色。其布局与"敦煌星图"甲本中的"盖图"相似，但南北方向倒置，两边还注有"东蕃""西蕃"字样[5]。

---

[1] 墨卡托投影由荷兰地图学家墨卡托于1569年创拟，即正轴等角圆柱投影。假想一个与地轴方向一致的圆柱体面切于地球，将经纬网投影到圆柱面上，将圆柱面展开为平面所得到的一种等角投影。

[2] 让-马克·博奈-比多、弗朗索瓦丝·普热得瑞、魏泓等，敦煌中国星空——综合研究迄今发现最古老的星图（下），《敦煌研究》，2010年第2期：46-59页。

[3] 中国古代在某位皇帝统治期间，皇帝名字中的字不允许被使用，这就是所谓的避讳。

[4] 让-马克·博奈-比多、弗朗索瓦丝·普热得瑞、魏泓等，敦煌中国星空——综合研究迄今发现最古老的星图（下），《敦煌研究》，2010年第2期：46-59页。

[5] 潘鼐，"传世的两本敦煌星图"，载《中国恒星观测史》。

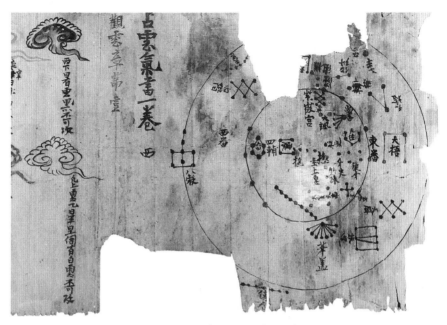

图 5-4　"敦煌星图"乙本（局部）

唐代新疆吐鲁番星占图

新疆吐鲁番星占图为唐代写本残件，图中仅存二十八宿中的"轸宿""角宿""亢宿""氐宿""房宿""心宿"和"尾宿"七宿，以及十二宫中的"天秤宫""天蝎宫""室女宫"三宫。二十八宿绘有星官连线和星宿神像，十二宫也绘有相应图像（图 5-5）。

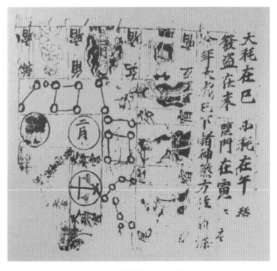

图 5-5　唐代新疆吐鲁番星占图

十二宫名称最迟在隋代翻译的佛经中已经出现，但早期的十二宫图像并不多见，这件残卷也是目前已知中国最早的黄道十二宫图形之一。另外，从双女宫（即双子宫）等形象也能发现，这时的十二宫图形已经开始中国化，与西方十二宫有一些明显差异。

北宋《新仪象法要》星图

宋代元祐七年（1092 年），苏颂和韩公廉（生卒年不详）等人制成大型水运仪象台，并著《新仪象法要》一书，介绍其内部构造。该书共三卷，其中"卷中"绘有 5 幅星图。

第一幅为"浑象紫微垣星之图"（图 5-6），是以北极为中心的极投影圆形星图，绘有恒显圈内诸星。第二幅和第三幅分别为"浑象东北方中外官星图"（图 5-7）和"浑象西南方中外官星图"，绘有恒显圈之外的中外星官，即赤道南北可见范围内的星。这两幅图均为正圆柱投影法绘制的长方形星图，且绘有赤道和与之垂直的二十八宿宿度经线。

第四幅和第五幅分别为"浑象北极图"和"浑象南极图"（图 5-8），两图以天赤道为界，将南北天球拦腰截断，分别按极方位等距投影法绘

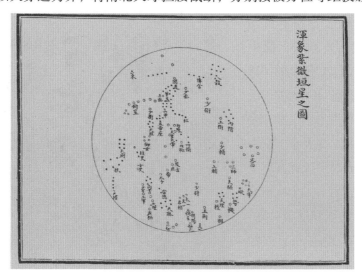

图 5-6 "浑象紫微垣星之图"

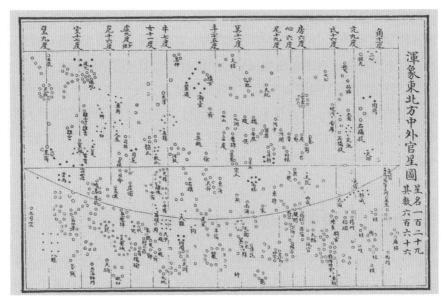

图 5-7 "浑象东北方中外官星图"

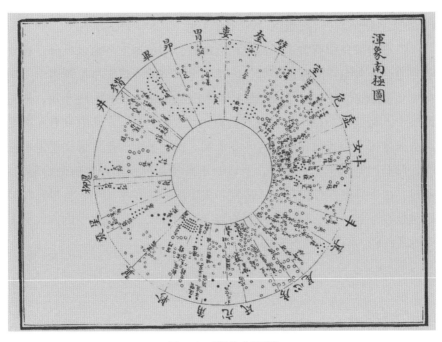

图 5-8 "浑象南极图"

成两个圆形星图，又被称为"双圆图"。而天球南极恒隐圈内，则未绘有星，作留白处理。全图共绘有 283 星官、1 464 颗星，以黑点标记甘氏星，以小圆圈标记石氏和巫咸氏星，同样绘有二十八宿宿度经线[①]。

《新仪象法要》星图以实际天文观测为依据，是中国中古时期最科学和完整的星图之一，具有重要的历史地位。不过，因《新仪象法要》北宋和南宋刻本均已佚失，现在通行的是《四库全书》本和《守山阁丛书》本等版本，在经过多次重绘后，其星点位置已经出现一些偏差。

明代《三垣列舍入宿去极集》星图

《三垣列舍入宿去极集》一卷收于中国国家图书馆明抄本《天文汇钞》当中。该书约完成于明中期到明末之间，其内容被认为是基于元代郭守敬恒星测量的成果。据记载，郭守敬曾在至元二十三年（1286 年）编制有恒星星表，并著有《新测二十八舍杂坐诸星入宿去极》一卷及《新测无名诸星》一卷，但原书皆不传于世[②]。

该书前面介绍有黄道和赤道相交度数，即黄道上冬至、秋分、春分和夏至四个分至点的赤道坐标，以及二十八宿的赤道距度、黄道十二次宿度和银河的位置方位等；后面主体部分为星图，共分为 75 小块，依三垣二十八宿绘有 267 个星官及其名称，共 3 175 颗星，其中带有入宿度和去极度恒星位置数据的星有 740 余颗。这些星图的星官形状仅为示意性，没有严格依据坐标位置，所以并不是按某种投影方法精确绘制的。不过，由于其中部分恒星的入宿度和去极度标注在星图中，将星表和星图融合在一起，是一种比较特别的新型表现方式，在现存中国古代星图中也是首创（图 5-9 和图 5-10 ）。

---

① 潘鼐，"《新仪象法要》星图的考证"，载《中国恒星观测史》。
② 孙小淳，"《天文汇钞》星表研究"，载陈美东主编《中国古星图》。

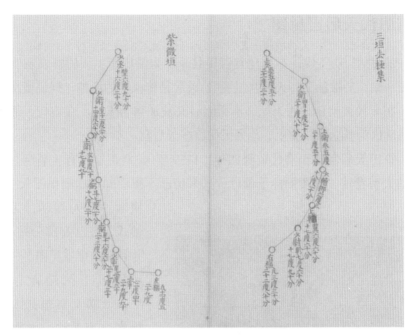

图 5-9　《三垣列舍入宿去极集》中的"紫微垣"

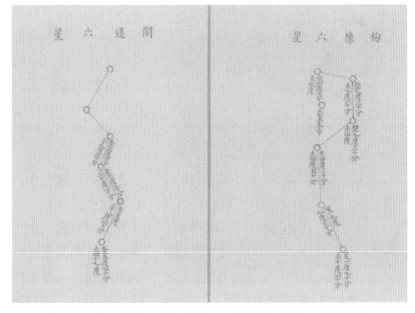

图 5-10　《三垣列舍入宿去极集》中的"钩陈六星"和"阁道六星"

明代天后宫星图

20世纪50年代，在福建省莆田县（现为莆田市）天后宫发现明代星图一幅，后被称为"天后宫星图"。天后是传说中的海神，据说屡次显灵，在元代被朝廷封为天妃，清康熙时又被加封为天后。在古代，部分沿海地区为其立庙以祷祀，称为天妃宫或天后宫。

莆田天后宫建于清代乾隆四年（1739年），其正厅挂有4幅绘有天后的大型卷轴，星图则挂于偏厅，其来历已不得而知。这幅星图长150厘米、宽90厘米，为卷轴式，且已有部分残损，并有烟熏痕迹（图5-11）。星图上下两端皆有文字，上端文字包括太阳行度过官歌诀、太阳躔[chán]度过官歌诀和紫微垣星官的方位说明等内容；下端文字介绍有二十八宿及《步天歌》（《步天歌》详见第九章内容）中的相应内容[1]。

中央星图共画有288星官，约1 400颗星，其中北斗七星和二十八宿星官被绘成红色，其他星为黑圈白点。该图与其他常见星图相比有些不同之处，一是星图以墨线绘有四个同心圆，

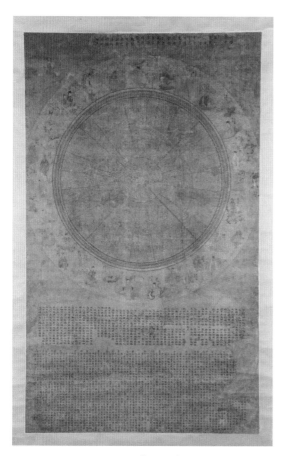

图5-11 明代天后宫星图

---

[1] 福建莆田市文化馆，"涵江天后宫的明代星图"，载陈美东主编《中国古星图》。

最里面圆的直径仅有 3 厘米，边缘有使用四卦、八天干和十二地支标注的二十四个方位，且星图最中央小圆处贴有罗盘，罗盘内容与这些方位一致，其他三个同心圆分别为内规、天赤道和外规；二是内规下方注有"常现不隐圈"字样，外规下端老人星附近注有"常隐不现界"字样；三是在王良星官附近绘有 1 颗客星^①，与《明实录》记载的"隆庆、万历客星"比较吻合，属于 1572 年发生的仙后座超新星，在西方也称"第谷新星"。

　　另外，星图的最外面还用工笔彩绘有九曜和二十八宿神像（图5-12），并衬有祥云，人物形象生动，星官描绘细致。但总体而言，该星图有相当一部分星官的形状与相对位置都不够准确，这可能与其主要用于供奉的用途有关。

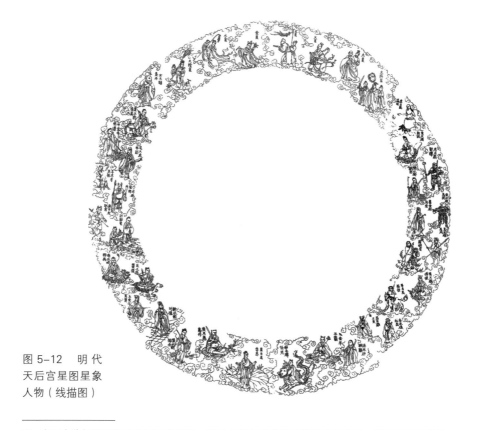

图 5-12　明代天后宫星图星象人物（线描图）

---

① 中国古代把那些突然在星空中出现，以后又慢慢消失的天体称之为客星。客星主要指彗星、新星或超新星。

明代绢本星图

台北故宫博物院藏有明代绢本星图一幅（图 5-13），原为国立北平图书馆（中国北洋政府时期的国家图书馆）旧藏。这幅星图为立轴式，天杆贴有标签题为"明绘绢本天文图"，是一幅赤道全天星图，但缺损约四分之一[①]。整幅图以蓝色为底色，各星官的星点使用红、黄和黑三色标记。图中用红线绘出内规、天赤道和外规，用黄线绘出黄道，银河为白色。内规和外规之间用红线绘有发散状的二十八宿宿度经线，重规采用黑墨书有二十八宿名称和距度，且有红线作为刻度，但无分野内容。

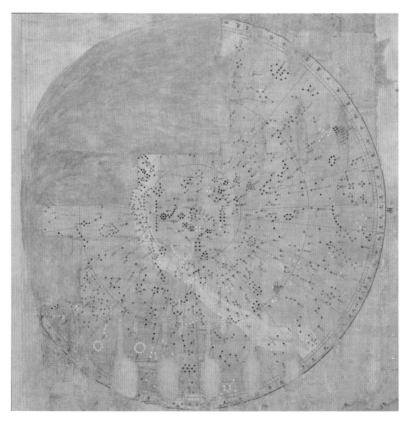

图 5-13　明代绢本星图

---

① 周维强，绘象星辰——院藏《明绘绢本天文图》述探，《故宫文物月刊》，2017 年，总第 406 期：82-92 页。

明代钦天监《通志天文秘略》星图

《通志天文秘略》是明代钦天监占验用书，现存有万历年间抄本，书末落款为"龙飞万历三十八年春月吉日书于钦天监选择坊，后孝（同"学"）戈永期"（图5-14）。书前有洪武七年（1374年）"通志天文秘略序"一篇，记有"此

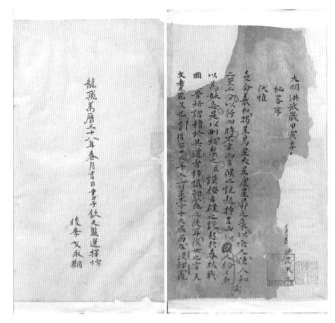

图5-14　《通志天文秘略》序言和书末署名

本只可传灵台，勿传人间术家""今则取之，仰观以徙（同"从"）稽"①。

《通志天文秘略》记载有"占彗星犯二十八宿星辰诀""占北斗七星明暗诀""占天羊星暗明动移诀""占天兽、天鸟、三台星""占福星犯北斗""占日蚀章""占日晕章""占月蚀章""占月晕章"等内容，全书图文并茂，绘制精美。除了占验内容，还记有《步天歌》文辞及三垣二十八宿等星图（图5-15至图5-17）。据其序言所载，"《步天歌》句中有啚（同"图"），言下见星，或约为丰，无馀无失"，"旧于歌前亦有星象，而流传易讹，当削去，惟于歌后采诸家之言，以补其书云"。书中的星名使用钦天监的独特标记方式，如诸星文字俱用红色双直线标识，以便阅者检验。

---

① 戈永期，《通志天文秘略》，中国科学院自然科学史研究所藏。

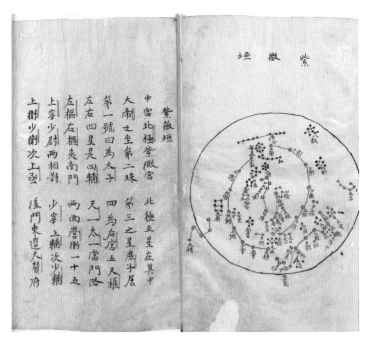

图5-15 《通志天文秘略》"紫微垣"

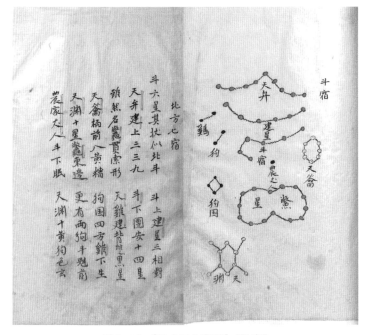

图5-16 《通志天文秘略》"斗宿"

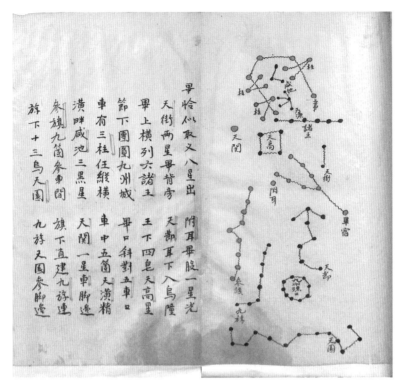

图 5-17　《通志天文秘略》"毕宿"

明代《回回历法》星图

明代有两份阿拉伯星表，一份存于洪武十六年（1383 年）翻译完成的《天文书》中，清代之后该书被称为《明译天文书》；另一份是存于《回回历法》中的"黄道南北各像内外星经纬度立成"（图 5-18）。

"黄道南北各像内外星经纬度立成"包含黄道附近的 277 颗星的星名、黄道经度、黄道纬度、星等和各像宿次等信息。星表中的星名依照古代西方星座名编号，共有双鱼像、白羊像、海兽像、金牛像、人像、阴阳像、巨蟹像、狮子像、双女像、天秤像、天蝎像、人蛇像、人马像、摩羯像、宝瓶像 15 个星座，表中的最后一行还列有各星的中文名称。这份星表被认为是我国最早的中西对应恒星星表，不过它并不是一份全天星表，从所列星的黄道纬度可以看出，这些都是位于黄道南北 10° 附近的星。

这份星表虽然来自阿拉伯天文学，但与一般的阿拉伯星表不同，并不属于托勒密系统[1]，其选星的范围超过了托勒密星表的范围。例如，其中的 15 颗星有中文名称而不在托勒密星表之内被称为"新译星无像"。

由于该星表存于《回回历法》的"凌犯计算"这部分内容中，其用途是结合回回历法用于凌犯推算。星表后面还附有"凌犯入宿图"，为一些推算凌犯所用的中国传统星官图，包括"角宿""亢宿""氐宿""房宿""心宿""斗宿""建星""牛宿""毕宿""井宿""鬼宿""轩辕星""垒壁阵宿""太微垣"等星官的图像，并通过坐标给出其在黄道坐标上的位置（图 5-19 和图 5-20）。

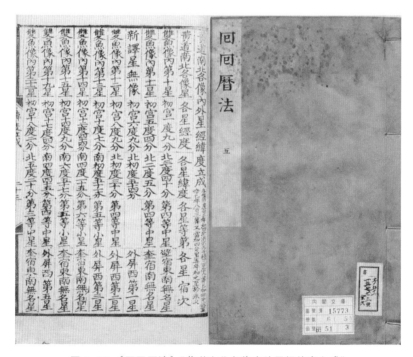

图 5-18 《回回历法》"黄道南北各像内外星经纬度立成"

---

[1] 托勒密是古希腊时期著名的天文学家、数学家，他将"地球是宇宙的中心"的观点进一步发挥和系统总结，认为 7 颗星（月球、水星、金星、太阳、火星、木星、土星）各自在不同距离的轨道上绕地球运行。托勒密系统的天文观测和计算，编制成包括 1 028 颗恒星的位置表。

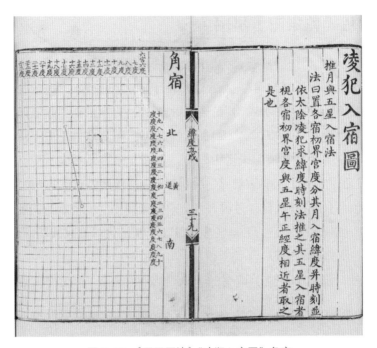

图 5-19　《回回历法》"凌犯入宿图"角宿

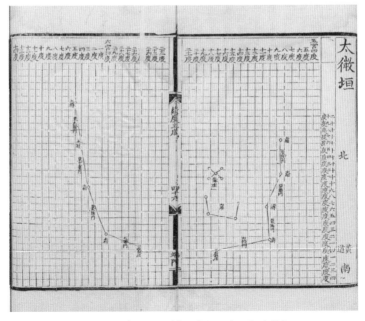

图 5-20　《回回历法》"凌犯入宿图"太微垣

明代《乾象图》星图

《乾象图》为梅静复所著，梅静复是四川魁阳（今四川绵竹）人，曾为明代天启四年（1624年）武举。该书目前有多部抄本，完成于天启六年（1626年），清代嘉庆二十五年（1820年）又补充有“赤道南北二条总论”等内容；书前有署名“西蜀汉嘉冯大任商梦甫书于渭上清署”序言一篇，记有“吾乡梅生于晋中时……于天文象占，不离不泥，尤为精诣已，乃稽古订今，编辑图解，一展卷而星辰历落楮墨间也”[①]（图5-21）。

据该书自跋：“一日，过谒吾乡省翁冯光师于渭上公署，出乾理诸书以视复，沉玩者久之已。乃取《步天歌》稍扩广之，订录成篇。”跋文署名“蜀左绵梅静复谨跋”。

另外，跋文中还说明该书的大致内容和用途，“首为周天总图，以纪其大端。继为斗建图十二月，以为观月移日迁之度。复次为五星二十八宿图诀，以书部经纬之数。而占玩附焉。”可知，此书由周天总图、十二月斗建图及五星二十八宿图组成（图5-22至图5-24）。

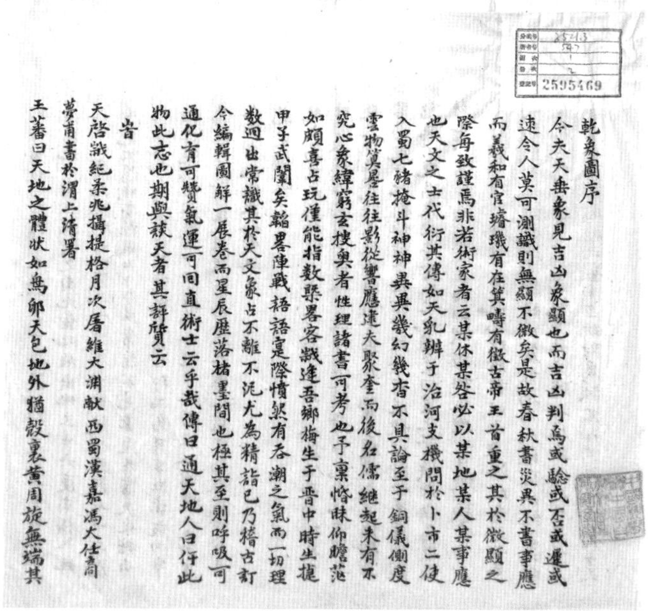
乾象圖序
今夫天垂象見吉凶象顯也而吉凶判爲或驗或否或遲或
速令人莫可測識則無顯不徵矣是故春秋書災異不書事應
而羲和有官璿璣有在箕疇有徵古帝王首重之其於徵顯之
際每致謹焉非若術家者云某休某咎必以某地某人某事應
也天文之士代衍其傳如天乳辨于治河支機問於卜市二使
入蜀七緒掩斗神神異異幾幻幾杳不具論至于銅儀側度
靈物莫晷往往影從響應達夫聚奎而後名儒繼起未有不
究心象緯窮玄根奧者性理諸書可考也予稟悟昧仰瞻茫
如頗喜占玩僅能指數槩畧客歲逢吾鄉梅生于晉中時生捷
甲子武闈矣韜畧陣戰語語寔際憤然有吞潮之氣而一切理
數迴出常識其於天文象占不離不泥尤爲精詣已乃稽古訂
今編輯圖解一展卷而星辰歷落楮墨間也極其至則呼吸可
通化育可贊氣運可回直術士云乎哉傳曰通天地人曰仟此
物此志也期與談天者其辭質云
旹
天啓戡紀柔兆攝提格月次屠維大淵獻西蜀漢嘉馮大任商
夢甫書於渭上清署
王蕃曰天地之體狀如鳥卵天包地外猶殼裹黃周旋無端其

图5-21 《乾象图》序

① 梅静复，《乾象图》，中国科学院自然科学史研究所藏。

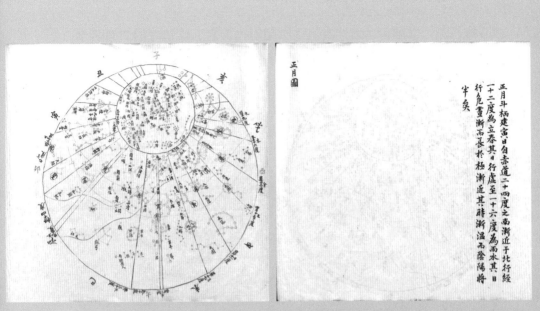

図 5-22　《乾象图》"正月图"

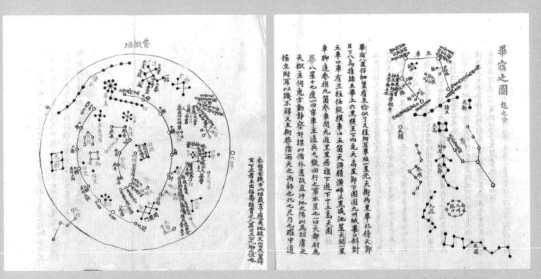

图 5-23　《乾象图》"紫微垣"　　　　　图 5-24　《乾象图》"毕宿之图"

明代陈荩谟《象林》星图

陈荩谟（字献可，浙江嘉兴人）是明代天启、崇祯时期的知名学者。他曾为黄道周（1585～1646 年）门人，著有《度测》和《象林》等书。《象林》是其诠疏黄道周所叙星官的著作，书中有三垣二十八宿星图，图后还列有各星的位置和星占，内容颇为详备，是明末少见的传统星图（图 5-25）。《象林》中所记述的恒星数据被认为是明代对南宋以来恒星观测资料的辑佚[1]（图 5-26）。

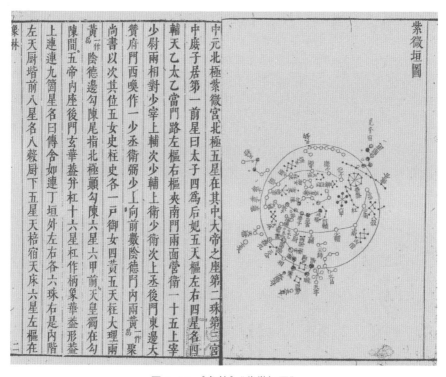

图 5-25 《象林》"紫微垣图"

---

① 潘鼐，"元明时期星象观测的延续及其在民间的传统"，《中国恒星观测史》。

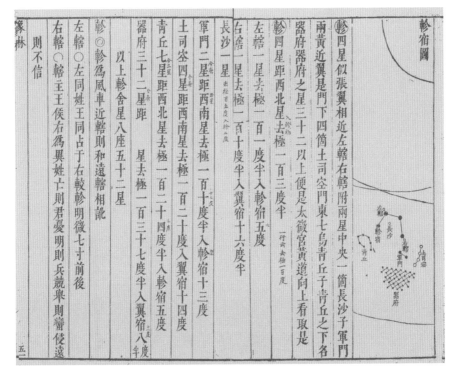

图 5-26　《象林》"轸宿图"

清代徐发《天元历理》星图

徐发字圃臣，浙江嘉兴人，其所撰《天元历理》刊行于康熙二十一年（1682 年）。该书共 12 卷，包括原理 6 卷、考古 4 卷和定法 2 卷，其中考古卷含有星图 7 幅，可拼合成一整幅图。7 幅图中，最中间一幅为紫微图，周围列有二十八宿及其距度；其余 6 幅为扇形图，依次为"太微图""天市图""天津图""阁道图""五车图""轩辕图"（图 5-27 至图 5-30）。这种划分天区的方法，在此前并未出现过，显得比较独特。

此外，各图旁还注有月令中星及分野等内容。由于该图星象内容遵循宋元时期的古法，并未受到西学影响。19 世纪时，荷兰汉学家施古德（Gustaaf Schlegel，1840～1903 年）曾在其著作《星辰考原》（*Uranographie*

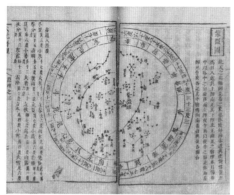

图5-27 《天元历理》"紫微图"

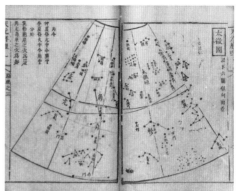

图5-28 《天元历理》"太微图"

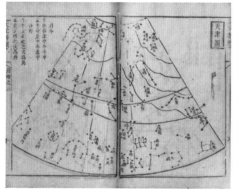

图5-29 《天元历理》"天津图"

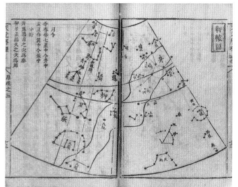

图5-30 《天元历理》"轩辕图"

Chinoise，1875年）中使用该星图作为中西星名对应的依据 [1]。

清代宫廷《全天星斗图》挂轴

《全天星斗图》为一挂轴，原为清宫旧藏，现藏于中国第一历史档案馆。该星图无说明名字，具体年代不详，星官形状和星点位置绘制较为精细。星图以北天极为中心，与传统星图有所不同，该图中含有五个同心圆，外圈重规还有多种刻度标识；中间的红色细线圆圈为赤道，黄

---

[1] 潘鼐，"恒星星名中西对应的寻绎"，《中国恒星观测史》。

道使用黄黑相间粗线表示；重规由内向外，依次为二十八宿、周天刻度、
节气、十二次和十二辰。其中周天刻度为红黑相间粗线，每格为1°，每
10°标有一数值[①]（图5-31）。

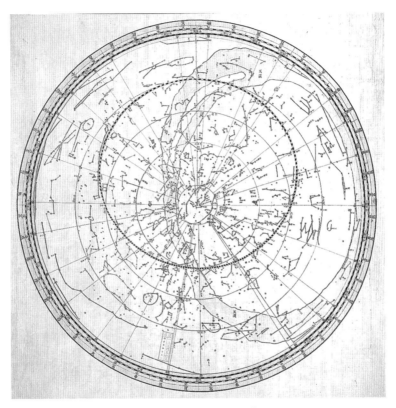

图 5-31　《全天星斗图》

清代徐朝俊《高厚蒙求》星图与《黄道中西合图》

徐朝俊（1752～1823年）是徐光启家族的后裔，因为家学原因，爱
好天文和数学，闲暇之余学习制造自鸣钟和日晷等仪器。其天文学著作
《高厚蒙求》《中星表》等在当时有较大影响。

其中，《高厚蒙求》共8卷（图5-32），书中天文图颇多，包括"天

① 潘鼐，《中国古天文图录》，"第五篇：近世时期——清代天文星象图"。

图十二宫"半瓜瓣星图 24 幅,以及用于中星测算的中星仪图等。24 幅"天图十二宫"图合在一起就是一幅完整的天球表面图(图 5-33、图 5-34)。

嘉庆十二年(1807 年),徐朝俊又仿戴进贤《黄道总星图》(见第六章),以木刻作《黄道中西合图》,署名"嘉庆丁卯徐朝俊识"。该图分南北两幅,有汉字和洋字[1]的星等字符,也是比较少见的使用黄道坐标的古星图。据徐朝俊记载,"余辑《高厚蒙求》,备采《步天》《经天》两诀",因"畴人子弟不烦指示,而顿识星名,又念有歌无图,循诵",于是"作此《黄道中西合图》,创坊刻旧本所未有","学者第以歌按图,按图求象,则何止二十八宿罗胸中而已哉"[2](图 5-35)。

图 5-32　徐朝俊《高厚蒙求》

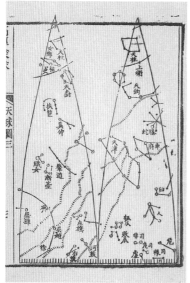
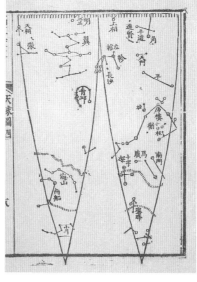

图 5-33 《高厚蒙求》"天图十二宫"(部分)

---

① 该星图中所谓的"洋字",为书写不太规范的阿拉伯数字。
② 徐朝俊,《黄道中西合图》,南京博物院藏。

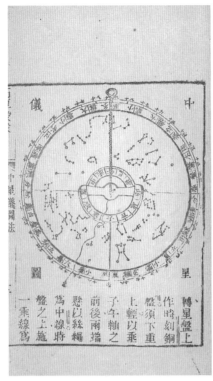

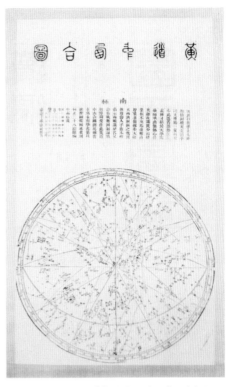

图 5-34　《高厚蒙求》"中星仪图"　　　图 5-35　徐朝俊《黄道中西合图》"南极"图

清代李明彻《圜天图说》星图

李明彻（1751～1832 年）字飞云，号青来，广东番禺人，少年时出家为道士，著有《圜天图说》《圜天图说续编》等书，书中皆绘有星图（图 5-36）。

其中，《圜天图说》共三卷，"卷中"绘有三垣二十八宿星图，并附有《步天歌》文辞，书中也有部分涉及占验的内容。其中，二十八宿部分的星图，分成苍龙、白虎、朱雀和元武（即玄武）四部分，每部分前三宿绘一图，后四宿绘一图（图 5-37）；另附有"南极诸星图"一幅[1]。

---

① 潘鼐，《中国古天文图录》，"第五篇：近世时期——清代天文星象图"。

图 5-36 《圜天图说》和《圜天图说续编》

《圜天图说续编》共两卷，体例与《圜天图说》相仿，补充有星图 4 种 6 幅，分别为"北极恒星图""南极恒星图""黄赤两道见界星图""二十八宿星象见界星图""北极河汉见界星图"和"南极河汉见界星图"（图 5-38 和图 5-39）。这些星图皆颇有新意，阮元（1764～1849 年，清代中期学者）称赞其"道士中深谙天文地理之术者，六朝以来，除张宾、傅仁均外，唯李青来一人"。

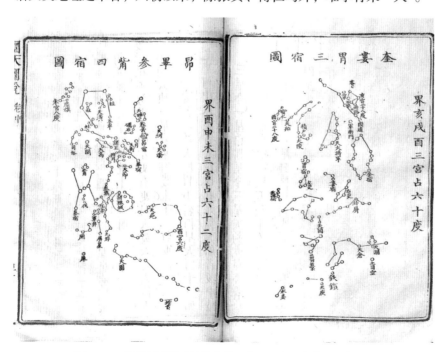

图 5-37 《圜天图说》"昴毕参觜四宿图"和"奎娄胃三宿图"

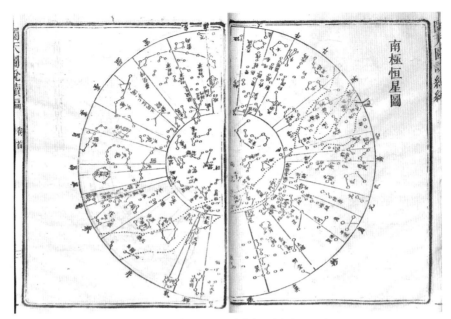

图 5-38　《圜天图说续编》"南极恒星图"

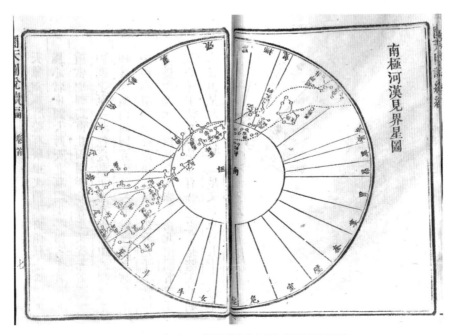

图 5-39　《圜天图说续编》"南极河汉见界星图"

清代道光《浑天壹统星象全图》

　　《浑天壹统星象全图》是清代道光年间的一幅木刻天文图,其内容基于南宋苏州石刻天文图,但不同于石刻天文图上图下文的形式,该图改为横向,星图居于中央,文字列于四周,并更名为"浑天壹统星象全图"。其文字部分介绍有"天体""地体""两极""日体""月体""经星""纬星""天汉""十二次""十二分野"等内容。

　　该星图现存三个版本,内容基本相同,文字部分略有出入,时间和署名则分别为道光二年(1822 年)三月二十五日云游散人、道光六年(1826 年)暮春松涛,以及道光六年孟夏钱泳。其中,即便同一年的印本,星图和文字位置也不尽相同。以上各版本目前已经发现有十余幅,皆为蓝色拓印本,其中日本保存较多,美国和中国也有少量藏本[①](图 5-40 和图 5-41)。

图 5-40 《浑天壹统星象全图》

(道光二年本,日本大村市立史料馆藏)

---

① 宫岛一彦、平冈隆二,"浑天壹统星象全图.",《大阪市立科学馆研究报告》。

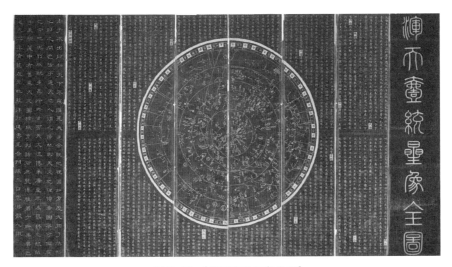

图 5-41　《浑天壹统星象全图》

（道光二年本，薮内清旧藏，现为宫岛一彦藏）

清代《道光甲辰元赤道恒星图》

李兆洛、钱维樾和六严等人是清代著名天文学家和数学家李锐（1769～1817 年）的门人，他们形成了一个民间天文历法研究团体，在星象考证、恒星表制定和星图绘制等方面做了大量的工作。

《道光甲辰元赤道恒星图》为钱维樾所刻（图 5-42），该图以《仪象考成》和《仪象考成续编》恒星表为基础，包括有北天极和南天极圆图（图 5-43），以及 24 幅"半皋鼓图"（图 5-44）。各图均按经纬度绘出红格，醒目清晰、严谨精确，是清末最详尽的星图集之一。该星图的图版后存于冯桂芬（1809～1874 年）处，但因战乱有所损毁，冯桂芬在同治七年（1868 年）将其重新补刻刊印，该本使用大幅面宣纸印制，皆为单页未做装订。另外，冯桂芬还著有《咸丰辛亥中星表》，书中有以咸丰元年（1851 年）为历元的中星表和中星图（图 5-45）。

图 5-42 《道光甲辰元赤道恒星图》

（同治七年冯桂芬本，中国科学院自然科学史研究所藏）

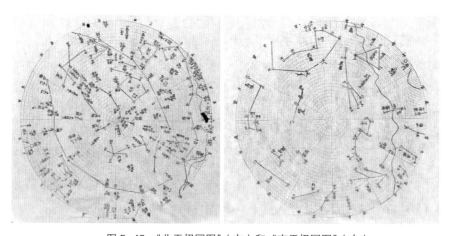

图 5-43 "北天极圆图"（左）和"南天极圆图"（右）

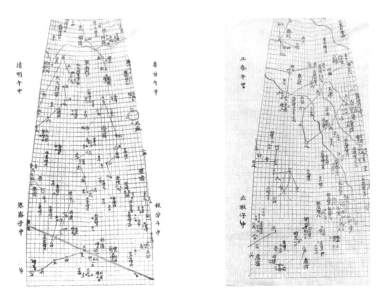

图 5-44 "半皋鼓图"

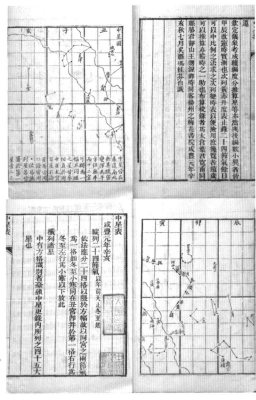

图 5-45 《咸丰辛亥中星表》
"中星图"

清代咸丰《恒星赤道经纬度图》

《恒星赤道经纬度图》绘于清代咸丰二年（1852 年），为江阴六严所作，内容基于道光二十四年（1844 年）甲辰重修《仪象考成续编》，共增星 163 颗，减星 7 颗。该图绘制精细，有多个不同尺寸的刊本和抄本，流传较广。其主体内容为北极和南极圆形星图各一幅，分别由 24 幅方形小图拼接而成，星图四周介绍有三垣二十八宿各星（图 5-46 和图 5-47）。

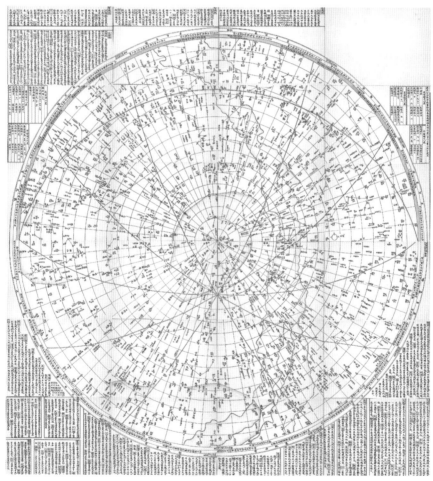

图 5-46　六严《恒星赤道经纬度图》"北天极图"

（中国科学院自然科学史研究所藏）

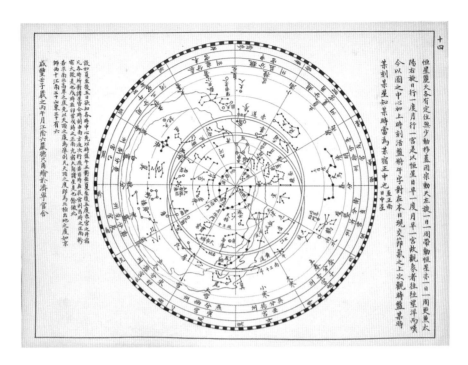

图 5-47　六严《恒星赤道经纬度图》

（中国科学院自然科学史研究所藏）

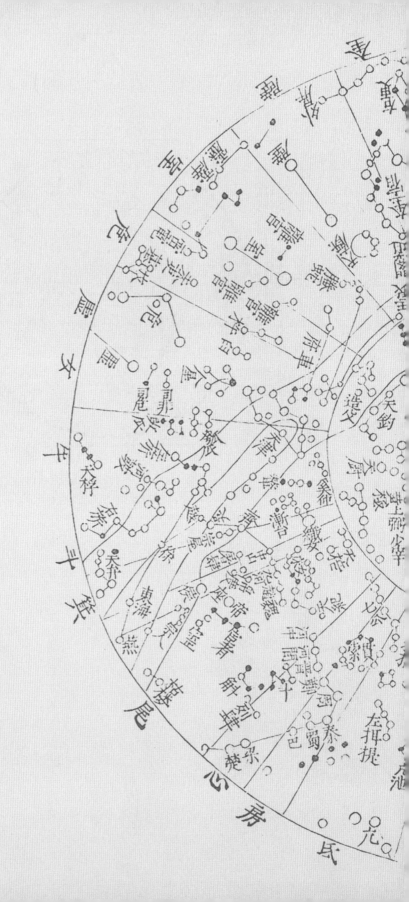

明代晚期，大批西方耶稣会传教士来华，他们利用传播西方科学知识作为传教工具，希望借此影响中国的皇帝和官员，以达到传播天主教的目的。在这些传入的西方知识中，最受中国文人、士大夫关注的就包括天文历法和地图等内容，尤其是一些最新绘制的天文星图和地图，极大地改变了中国人对宇宙和世界的认识。

崇祯二年（1629年），时任礼部左侍郎的徐光启奉命改革历法，在徐光启的建议下，邓玉函（Johann Schreck，1576～1630年）、汤若望（Johann Adam Schall von Bell，1591～1666年，图6-1）和罗雅谷（Giacomo Rho，1593～1638年）等传教士得以进入新的历法改革机构——历局，开展西方天文著作的翻译工作，以此为新历法的制定提供支持。期间，中国官员和传教士还开展了一系列的天文观测活动，完成恒星经纬度的测定，并绘制完成多种星图，这些星图大都采用西方的绘图和投影技术，具有中西合璧的特征。

入清之后，清廷正式采用西洋历法作为官方历法，西方传教士得以以钦天监监正或治理历法的身份主持钦天监的日常工作。在清代的康熙、乾隆和道光三朝，官方又陆续开展多次系统的恒星观测活动，编修了《灵台仪象志》《仪象考成》《仪象考成续编》等著作，这些著作中都包含了当时最新的恒星星表，钦天监也在此基础上，绘制了一批全新的星图，这些星图同样也是结合了中国传统天文学和当时最新的西方天文知识。

《崇祯历书》星图

崇祯二年，徐光启奉命督修历法，在邓玉函、汤若望和罗雅谷等来华传教士的协助下，他与继任者李天

图6-1　汤若望像

经主持编撰完成了卷轶浩繁的《崇祯历书》。《崇祯历书》是一部比较全面的介绍当时欧洲天文学知识的著作，其中就有不少与星图有关的内容。在徐光启历次进呈的《崇祯历书》稿本目录中，就有《恒星总图》一摺、《恒星图像》一卷和《恒星总图》八幅等。

《崇祯历书》正式刊行后，其恒星部分主要包括《恒星历指》四卷，其中第四卷为"恒星经纬图说"，介绍有 4 种不同星图，即"见界总星图""赤道南北两总星图""黄道南北两总星图""黄道二十分星图"，这些星图既保留了中国传统星图的一些特征，也融入了当时西方最新的星图知识。

第一种"见界总星图"以北天极为中心，采用极投影方法，将全天可见的恒星绘于圆形的平面，边界相当于恒隐圈，靠近南天极无法观测的恒星则不绘出。这与中国古代传统的盖式圆图相类似，不过恒隐圈的范围要小很多，也就是说，图上天区范围更广（图 6-2 ）。

因为中国古代通常以中原地区或首都地区作为绘制恒星星图的参照地点，所以星图中不包括一些南方低纬度地区可见的恒星，即"旧图恒见、恒隐各三十六度。三十六者，嵩高之北极出地度耳……而非各省之见界总图也"。"见界总星图"以最南端的滇南作为星图对应的观测点，从而实现"各省直所得见之星无不备载，可名为总星图矣"[1]。

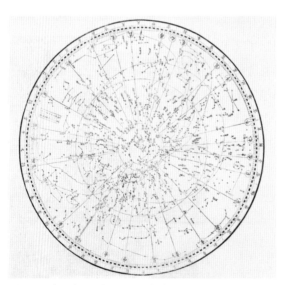

图 6-2 《崇祯历书》"见界总星图"（法国国家图书馆藏）

---

① 徐光启，《恒星历指》，卷四。

不过，这样也带来一些问题，即天区范围更大，包含的星数更多，外围的星在投影至平面上时的失真就更为明显，这是由于赤经方向上 1° 相应的弧长会随着离北天极渐远而增加，赤纬方向上 1° 相应的长度却一直不变造成的[①]。为此，该图也不得不采用一些补救措施，使用不等分的纬度作为距离，这样"向外渐宽，则经纬度广袤相称，而星形度数两不相失"。当然，这些的技术措施是无法完全解决投影变形失真问题的，因为这样又带来了新的失真，即距离南北天极过近或过远的星座之间会呈现出面积大小上的不一致。

第二种"赤道南北两总星图"分南北两图，直径皆约为 26 厘米，分别以天赤道北极和南极为圆心，外规以天赤道为边界。两图上部左右两侧刻"北图""南图"或"赤道"字样以示区别，下部刻"星等"及其图形示例（图 6-3 和图 6-4）。

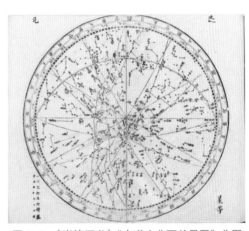

图 6-3　《崇祯历书》"赤道南北两总星图"北图

由于"见界总星图"对天赤道以南恒星的表现效果欠佳，"赤道南北两总星图"就成为一种很好的补充。除了分成南北两图，且包含了天赤道南极附近的常年不可见恒星外，该图与"见界总星图"也有其他一些不同处。一方面，该图外圈刻度线以一圆周划分为 360° 作为赤道

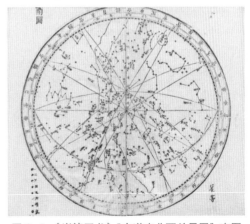

图 6-4　《崇祯历书》"赤道南北两总星图"南图

① 潘鼐，《中国恒星观测史》，"西方天文学的传入及明崇祯年间的恒星观测"。

经度，这与"见界总星图"同时绘有中国传统的一周天365.25°和西方360°两种刻度不同。另一方面，该星图从圆心到边界绘有12根半径线作为时线来划分天区，而"见界总星图"遵循传统的二十八宿划分方式。

"赤道南北两总星图"是中国古代官方正式颁布的第一份包含有南极星座的星图，也是最早使用十二宫度线代替二十八宿宿度经线的星图。

第三种"黄道南北两总星图"亦分南北两图，直径约为26厘米。两图上部左右两侧刻"北图""南图"或"黄道"字样以示区别，下部刻"星等"及其图形示例。星图投影分别以黄道北极和南极为圆心，外规以黄道为边界，黄经依十二宫分为每宫30°，共十二等份从黄极向外规发散，黄纬则是在半径线上绘有刻度尺，等间距的标记纬度（图6-5和图6-6）。

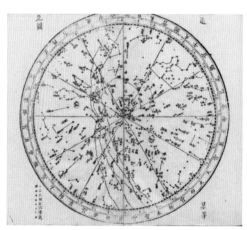

图6-5 《崇祯历书》"黄道南北两总星图" 北图

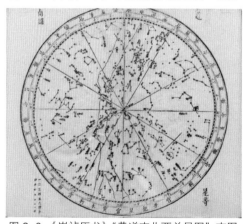

图6-6 《崇祯历书》"黄道南北两总星图" 南图

第四种"黄道二十分星图"是依据黄道经纬度绘制的20幅详细的恒星全图。由于总星图幅面较小，星座、宫次、度分和星等这些信息未能明晰，"用以证合天象，颇觉为难"[1]。所以分星图将天球表面分成20块，这样就能清晰地读出新测各星的经纬度等内容（图6-7至图6-9）。

具体分割方法为，在距南北黄极22.5°黄纬处，即南

---

① 徐光启，《崇祯历书·恒星历指》，卷四。

北黄纬 67.5° 处，垂直极轴切
下两片，投影后形成北极分
图与南极分图两个圆图；再
将南北黄纬 22.5° 处垂直极
轴划分，将黄道南北附近两
宫为一组，切成 6 幅方形图；
南北黄极和黄道上下附近之
外的区域，再切成 12 幅梯形
图。这样就形成 20 幅分图[①]。
另外，星图中星为一至六等，
绘有不同星形、气和增星等
内容，各星旁还注有连续的
编号，并且还绘有天汉（银
河）边界线、赤道圈和冬至
线、夏至线，以及黑白相间
的分度小格，用于读取位置
数据。

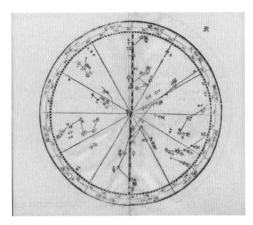

图 6-7　"黄道二十分星图"北极分图

　　除了以上 4 种星图，《崇
祯历书》的《浑天仪说》一
书中还绘有另一种特殊的柳
叶星图，类似切开的瓜皮，
这种星图是为制作天球仪而
设计的，在西方比较常见。
在《浑天仪说》中，汤若望
介绍了制作天球仪和地球仪
的方法，附有柳叶地图和星

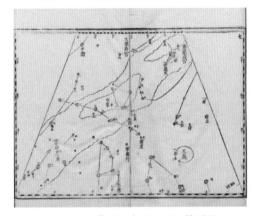

图 6-8　"黄道二十分星图"梯形图

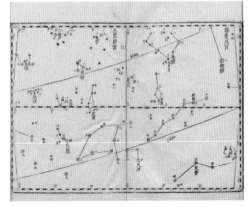

图 6-9　"黄道二十分星图"方形图

---

① 潘鼐，《中国恒星观测史》，"西方
天文学的传入及明崇祯年间的恒星
观测"。

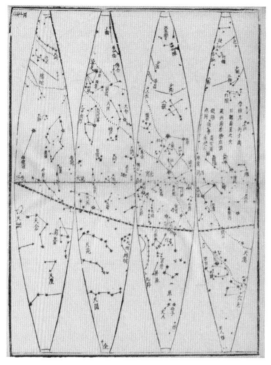

图 6-10 《浑天仪说》中的柳叶星图

图各 6 幅。其中星图是沿天球仪表面十二宫度经线，将球面纵向分切成十二片瓜瓣状，图上题有"远西汤若望立法，后学钱塘黄宏宪，燕闽朱光大图"[①]（图 6-10）。

该图与前面介绍的"黄道二十分星图"主要不同在于，一方面，两者切割的方式不一样；另一方面，"黄道二十分星图"的投影是基于在地面仰观天空，而制作天球仪的柳叶星图则是从天球之外俯视，视角完全相反。

汤若望《见界总星图》

汤若望《见界总星图》为上文下图形式，包括"见界总星图解"一篇和圆形星图一幅。该图为折页，现存有明刊本和清刊本各一，前者高 1.25 米、宽 0.67 米，后者高 1.29 米、宽 0.65 米，顶部皆题"见界总星图"五个大字（图 6-11 和图 6-12）。

两者不同之处在于署名的差异，明刊本署"极西耶稣会士汤若望撰，楚寿昌后学邬明著图"[②]，清刊本仅保留"极西耶稣会士汤若望撰"[③]。另外，清刊本标题旁有朱色阴文篆印"功赞羲和"一枚，汤若望署名旁有

---

① 徐光启，《崇祯历书·浑天仪说》，卷五。
② 汤若望，《见界总星图》明刊本，梵蒂冈宗座图书馆藏。
③ 汤若望，《见界总星图》清刊本，梵蒂冈宗座图书馆藏。

"通微教师""光禄大夫"和"汤若望印"三枚朱印，但清刊本图文皆不如明刊本清晰。该星图的内容与前文介绍的《崇祯历书》"见界总星图"基本相同，但外圈最内刻度圈上增加了二十八宿距度数值。

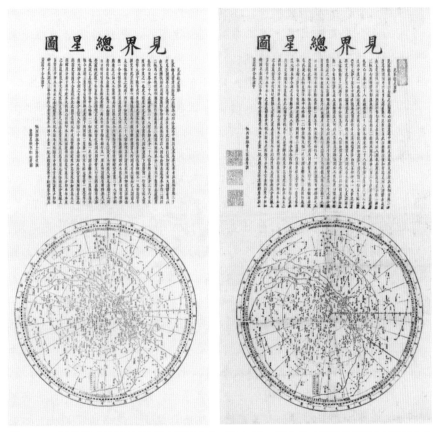

图 6-11　汤若望《见界总星图》(明刊本)　图 6-12　汤若望《见界总星图》(清刊本)

《见界总星图解（明刊本）》

　　见界总星图者，以赤道之北极为心，以赤道为中圈，以见界为界。见界者，取北极出地三十度为限，则闽粤以北可见诸星，无不具在矣。自此以南，难以复加者为是，浑天圆体赤道以南，天度渐狭，而在图则渐广，形势相违，是故无法可以入图也。必用赤道为界，分作二图，以二极为心，然后体理相应，故别作"赤道南北二总图"。本图外界分三百六十度，赤道经度也。从心至界分二十八直线者，依二十八宿各距星分二十八宿各所占度分，三百六十五度四分度之一也，此各宿度分。《元史》载：古今前后六测，如汉落下闳、唐僧一行；宋皇祐、元丰、崇宁；元郭守敬等，或前多后寡，或前寡后多，或寡而复多、多而复寡，种种不一。元世造历者，推究至此，茫然不解。但揣摩臆度，以为非微有动移，则前人所测，或有未密而已。夫谓"前人未密，他术有之"。此则千四百年如彼其久，二十八宿如彼其多，诸名家所测如彼其详，而悉无一合，安得悖谬至是。且其他诸法，又何以不甚参商？谓繇（同"谣"）误测必不然也。若曰微有动移，庶几近之，而又不能推明其所以然之故。今以公历详考黄赤经纬变易，盖二十八宿分经者，从赤道极出线至赤道乃止。而诸星自依黄道行，是以岁月不同，积久斯见，若精言之，则日日刻刻皆有参差，特此差经二万五千四百余年，而行天一周。正所谓微有移动，移非久不觉，故后此数十年、百年依法推变，正是事宜。而前代各测不同者，皆天行自然，非术有未密也。此说已具《恒星历》次卷中。今略举一二，如北极天枢一星，古测去离北极二度，后行过北极，今更踰（同"逾"）三度有奇矣。觜宿距星，汉落下闳测得二度；唐一行、宋皇祐、元丰，皆一度；崇宁半度；元测五分。今测之不啻无分，且侵入参宿二十四分，今各宿距星所当宫度，所得多寡，悉与前史前图不合，盖缘于此。此图皆崇祯元年戊辰实躔赤道度分，其量度法如求某星之经纬度分若干，用平边界尺从圆心引线切本星，视图边得所指某宫某度分，即本年本星之赤道经度分次。用规器依元定界，尺从赤道量至本星，以为度。用元度依南北分度线上量得度分，即本年本星之赤道纬度分次。视本图本星所躔宫分，查本宫表所注度分，即知绘图、立表、测天三事悉皆符合。若黄道在本图中，止画一规及经度，其查考经纬度，分别具黄道分合各图中。

极西耶稣会士汤若望撰

楚寿昌后学邬明著图 [1]

---

① 汤若望，《见界总星图》明刊本，梵蒂冈宗座图书馆藏。

汤若望《赤道南北两总星图》

汤若望《赤道南北两总星图》为上文下图形式，包括"赤道南北两总星图说"一篇和赤道南、北星图各一，为折页，高 1 米、宽 0.4 米，图顶部未见大字图题，署名为"远西耶稣会士汤若望撰，鄂州杨之华书图，山阴陈应登较"，名下皆有钤印（图6-13）。该图的内容与《崇祯历书》中的"赤道南北两总星图"基本相同。

《赤道南北两总星图说》

《赤道南北两总星图》一以北极为心，一以南极为心，皆以赤道为界，从心出直线抵界凡十二者，为十二时线。又细分为三百六十，则赤道经度也。与他图所分经度不同者，彼分三百六十五度四分度之一，准一岁日行周天之数，名为日度，此平分三百六十名为平度也。凡造器测天推步演算，先用平度特为径捷，测算既就，以日度通之，所省功力数倍，宜两用之也。其正南北直线为子午线，平分十二时，左右各六线，上细分南北各九十为赤道纬度，亦平度也。去极二十三度半有奇，复作一心

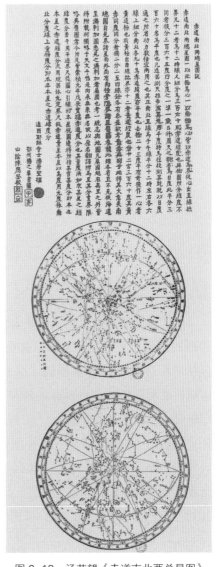

图 6-13　汤若望《赤道南北两总星图》
（明刊本）

者黄道极也，从黄极出曲线抵界，亦十二者，黄道经度也，分十二宫三百六十度，其黄赤同度同分者，独二分二至四线，余各有参差，欲考黄赤异同，于此得其大意矣。南总图自见界诸星而外，尚有南极旁隐界诸星，旧图未载。此虽各省直不见，从海道至满剌加国悉见，满剌加者，属国也。考《一统志舆地图》，凡属国越在万里之外，皆得附载，何独略于天文乎？惟是向来无象无名，故以原名翻译，附焉。至其分昼界限，略异旧图者，今所定皆崇祯元年戊时躔赤道度分也。其量度法，如求某星之经纬度分若干，用平边界尺从圆心引线，切本星视图边，得所指某宫其度分，即本年本星之赤道经度分，次用规器依元定界尺，从赤道量至本星以为度；用元度依南北分度线上量得度分，即本年本星之赤道纬度分。

远西耶稣会士汤若望撰

鄂州杨之华书图

山阴陈应登较[①]

汤若望《黄道总星图》

汤若望《黄道总星图》也是上文下图的形式，为折页，高 1.3 米、宽 0.33 米，包括"黄道南北两总星图说"一篇和黄道南、北星图各一。明刊本署名为"远西耶稣会士汤若望撰，星源祝懋元书，山阴陈应登较"，并刻有印章三枚（图 6-14）。入清后，该图署名更改为"远西耶稣会士汤若望撰，山阴陈应登较"，仅保留"IHS"[②]图章一枚（图 6-15）。该图按照西

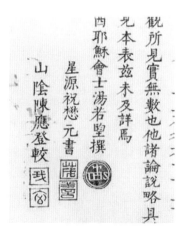

图 6-14 汤若望《黄道总星图》明刊本署名

---

① 汤若望，《赤道南北两总星图说》，法国国家图书馆藏。

② "IHS"是拉丁文 *Iesus Hominum Salvator*（意为"耶稣乃救世主"）三个首字母的缩写，为耶稣会的记号。

方比较流行的黄道坐标绘制，与
中国传统星图惯用的赤道坐标不
同，其内容与《崇祯历书》"黄道
南北两总星图"基本相同。

《黄道南北两总星图说》（清刊本）

　　《黄道南北两总星图》一
以黄道北极为心，一以黄道
南极为心，皆以黄道为界。
从心出直线十二抵界者，分
黄道十二宫次，又细分三百
六十平度，为黄道经度也。
南北直线从心上下，各细分
九十平度，则黄道纬度也。
凡恒星、七政，皆循黄道行，
与赤道途径不同，故行赤道
经纬时时变易，其行黄道经
纬则终古如一矣。其量度法
略同赤道图，但彼所得者，
当云某年某星之赤道经纬度
分。此所得者，当云某星之
经纬度分而已，正以终古如
一故也。凡恒星循黄道东行，
每年行一分四十三秒七十三
微二十六纤，六十九年一百
九十一日七十三刻而行一度，
二万五千二百零二年九十一
日二十五刻而行天一周，亦

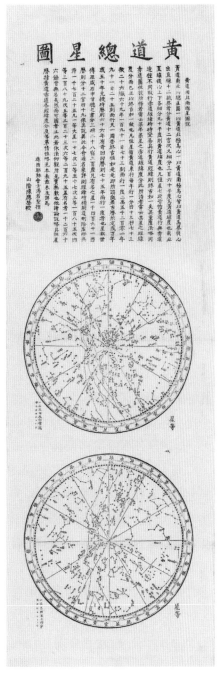

图6-15　汤若望《黄道总星图》（清刊本）

终古恒如是，是即所谓岁差，古历所定，或百年或五十年。元《授时历》则六十六年有奇，《回回历》则七十五年而行一度者也。星数世传巫咸、石申、甘德之书，分三垣二十八宿三百座，凡有名之星一千四百六十一，西历则分十二宫四十九像，其说异此。今会通名象，详测经纬，增补阙遗，删除虚谬，共得一千七百二十五。凡一等大星一十七次；二等五十七次；三等一百八十五次；四等三百八十九次；五等三百二十三次；六等二百九十五，盖有名者，一千二百六十六余，皆无名矣。然而可图者止此，若依法仰观，所见实无数也。他诸论说略具《恒星历指》，黄道赤道各经纬度分，及等第情性略见本表，兹未及详焉。

远西耶稣会士汤若望撰

山阴陈应登较 [①]

汤若望《赤道南北两总星图》屏风

在明末历法改革中，徐光启为了获得崇祯皇帝对西洋历法的支持，曾将采用西方天文学绘制的"赤道南北星图"绘制在一幅屏风上。不过，徐光启在世时，只完成了星图的图样，未能及时完成全图。徐光启去世后，他的继任者李天经最终完成该图，并进献给崇祯皇帝。

据《治历缘起》记载，该星图为绢制，可以展转开合，共花费白银四十三两五钱，由汤若望出资并负责绘制完成[②]。虽然这件星图屏风的原件未能保存下来，但该星图此后曾被多次刊印，以挂轴等其他形式保存至今（图6-16）。目前，已知藏有该图的机构包括梵蒂冈宗座图书馆、法国国家图书馆、中国第一历史档案馆、比利时皇家图书馆、意大利国家研究委员会、德国柏林国家图书馆、日本东洋文库等[③]。

---

① 汤若望，《黄道总星图》（清刊本），梵蒂冈宗座图书馆藏。
② 《治历缘起》崇祯七年十二月初三日奏疏记有"制造进呈星屏一架，共用银四十三两五钱，系陪臣汤若望自备"。
③ 梵蒂冈宗座图书馆存有两幅，包括明印设色本和未设色本各一；比利时皇家图书馆藏本为明印设色本；法国国家图书馆和德国柏林国家图书馆藏本为清印未设色本。

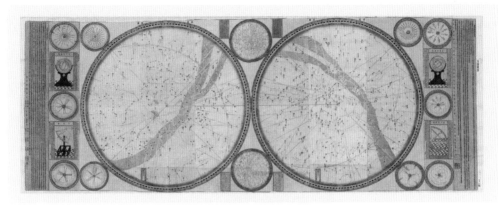

图 6-16　《赤道南北两总星图》明刊本

（梵蒂冈宗座图书馆藏）

　　《赤道南北两总星图》屏风共有 8 个条幅，其中中间圆形的赤道南、北星图各占 3 个条幅。另外两个条幅，一条是徐光启所题的《赤道南北两总星图叙》，另一条是汤若望撰写的《赤道南北两总星图说》。中间的赤道南星图和赤道北星图，直径约 157.8 厘米，星图外部的圆圈就是天赤道。

　　在天赤道之外，还有五道表示各种刻度划分的圆圈。最外面一道标注有二十四节气和十二宫的名称，不过这里的十二宫借用了中国传统的十二次和十二辰来标记，如"玄枵子宫""星纪丑宫"等，二十四节气与之对应，如以"冬至"为星纪宫的起点。倒数第二道圆圈从春分点开始每隔 10 度标出一格，从"一十""二十"一直到"三百六"。倒数第三道圆圈将整个天赤道从春分点开始划分成 360 格，每格涂成黄、黑相间，以表示为 1 度。倒数第四道圆圈，采用中国传统的度数划分，将天赤道分成 365.25 度（每度为 100 分）。最里面一道采用传统的二十八宿划分天赤道，并标出每宿的距度，即每宿覆盖的范围，如"斗距牛二十四度七十五分"。也就是说，斗宿的距星距离牛宿的距星，如果依据古度为二十四度七十五分[1]。

　　由于这幅图是赤道坐标星图，星图的正中心画有一个直径约两厘米的小圈，内中注明为"赤极"，其中心就是天北极和天南极。"赤极"小

---

[1]　卢央、薄树人、刘金沂，"明《赤道南北两总星图》简介"，载陈美东主编《中国古星图》。

圈外面又有一个以赤极心为中心、直径为 25.5 厘米的圈，这是我国传统星图中的恒显圈（北天）和恒隐圈（南天）。在恒显圈（或恒隐圈）和天赤道之间有二十八条直线，是通过二十八宿的宿度经线。另有一条从赤极引自天赤道的红线，上面有刻度标，用于显示赤道纬度（赤纬线）。从春分点到秋分点之间还画有一条弧线形黄道，黄道上也绘有刻度标，不过由于投影的关系，黄道上的这些刻度划分是不均匀的。

在南北两幅星图上，都贯穿有一条很宽的星带，星带的一端分成两个叉枝，这就是银河。星带中除了画有恒星外，还绘满了均匀的黑点，以表示银河是由无数星组成的。星图上的星都画成了大小不等的圆点，圆点的大小表示星的亮度，共分为六等。所绘恒星一等至六等星的星数分别为 16 颗、67 颗、216 颗、522 颗、419 颗和 572 颗，合计 1812 颗。另外，还有一种被称为"气"的天体（这其实就是星团或星云）。这些星的位置依据崇祯元年（1628 年）为历元，绝大部分是通过实测得到的位置数据。星和星之间采用直线联结起来，表示这些星是一个星组，也就是中国古代所说的星官。凡是古代有的星官，就沿用这些名称，凡是古代没有的星官，一般就不用线联结。也有一些是从西方传入的新增星官，如南极附近的星，这是我国中原地区看不见的，所以这些星名都是译自当时欧洲的星图。

除了南北两大星图，图中还有一些附图，在主图正中间的上方和下方各绘有一幅小的星图，其中上面这幅是"古赤道星图"（又称"见界总星图"），这是中国古代传统星图的一种形式；另一幅是"黄道星图"，采用西方惯用的黄道坐标绘制。此外，在主图的两侧，还有 4 幅天文仪器图，分别是"赤道经纬仪""黄道经纬仪""纪限仪"和"地平经纬仪"（图 6-17），这些仪器都是典型的西方仪器，其设计源自丹麦天文学家第谷·布拉赫（Tycho Brahe，1546～1601 年）。这 4 幅图中，黄道经纬仪位于全图最先的位置（右上角），这强调了当时的欧洲天文学仍以黄道坐标系为主[①]。

其他的辅图，还包括 5 幅"经图"和 5 幅"纬图"，分别用于展示五

---

① 潘鼐，《赤道南北两总星图》与绘制星图的投影原理和方法"，《中国恒星观测史》。

大行星在黄道经度和黄道纬度两个方向上的运动轨迹，从而表明行星的迟、留、伏、逆等不同视运动过程（图6-18）。这些运动轨迹都是依据西方几何宇宙模型画出的，所以这些轨迹，无论是经图，还是纬图，都只是表示行星在理论模型中的行度，并不是描画行星在天空中实际所见的轨迹。

　　在明代灭亡后，汤若望又将此星图重新绘制并刊印，献给清廷。所以，如今我们能看到这幅星图有不同的版本（图6-19至图6-21）。不过，为了突出自己的贡献，汤若望在重印过程中删去了参与该图绘制的其他中国天文学家的名字，仅保留了他自己的名字。

　　《赤道南北两总星图》制作极为精美，它是东方世界现存最大的一幅皇家星图，整幅图继承了中国传统星图的内容和特点，

图6-17　《赤道南北两总星图》中的天文仪器

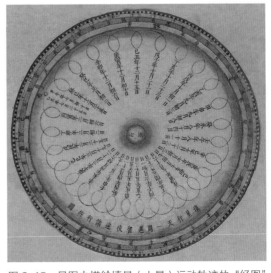

图6-18　星图中描绘填星（土星）运动轨迹的"经图"

又融合了近代欧洲天文知识和当时的最新成果，在中国星图发展中起着

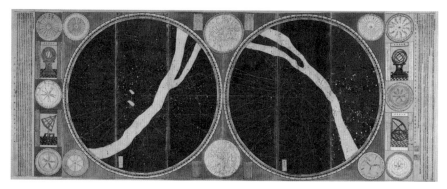

图 6-19 《赤道南北两总星图》(清刊本)
（中国第一历史档案馆藏，2014 年入选《世界记忆亚太地区名录》）

图 6-20 《赤道南北两总星图》
（清刊上色本第一条幅）

承上启下的作用，占有重要地位。不过，由于中西方在科学和文化上的差异，其绘制工作不再是简单的天文知识引进，加之崇祯皇帝对"务求画一"的要求，决定了这些新的知识需要与中国传统的天文学相互调适与会通，只有将翻译而来的文本知识与中国的实际相结合，并且尽可能纳入中国传统天文学的规范，才能有效化解两种体系之间的隔阂与矛盾。

崇祯改历过程中，历局所作的恒星测量主要是根据西方的星表和星图，在星空找到对应的中国星官，并对其进行测量核实，再重新调整并改进中国的星表与星图[①]。这一工作本就不易，正如徐光启所言"而恒星图表务求分秒无差，两臣与在局人员日算夜测，最难就绪"[②]，而在实际处理过程中，面临的问题更是层出不穷。例如，

① 孙小淳，《崇祯历书》星表和星图，《自然科学史研究》，1995 年第 4 期：323-330 页。
② 《治历缘起》崇祯四年八月初一日奏疏。

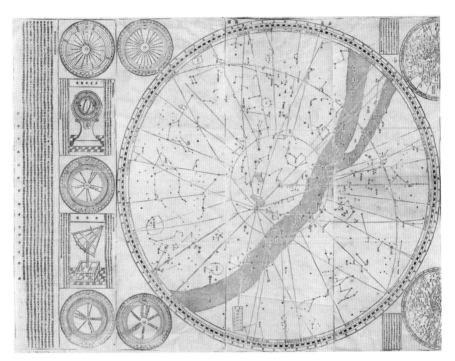

图 6-21　《赤道南北两总星图》赤道南部分（未上色的清刊本）

（德国柏林国家图书馆藏）

如何会通中国传统 365.25 度百进制和西方 360 度 60 进制两种不同体系？
如何检验在见界之外的南极诸星，使其不再被指摘为臆说？如何在恪守
中国三垣二十八宿的传统星官体系的前提下，又能"非从旧图改易，非
从悬象仿摹"，并且"闭门造车，出而合辙"，达到"知前之测候会无乖
爽，后来致用可无谬误"[①] 的目标？这些都是当时所面临的问题。

内阁藏板

《赤道南北两总星图叙》

道有理数所不能秘者，匪言弗宣；有语言所不能详者，匪图弗
显。昔人云："爻象敍畴之辞烦，而河洛图书之理晦。"图之重于天
下久矣。尧典勑（同"创"）中星之说，所云平秩作讹，以授时而秩

---

① 《崇祯历书·恒星历指》，卷一。

事，夏有少正，周有时训，秦汉已下及唐宋皆有月令，诗咏定中，《春秋传》"启蛰而郊，龙见而雩"，又云"凡马日中而出，日中而入"。盖人君出政，视星施行，人臣宣猷，戴星出入，乘时急民用之前，其关于世道人心，非细故也。

我太祖高皇帝专设灵台郎，辩日月星辰躔次，及论历法曰："惟以七政行度无差为是。"

圣神钦若，至意千秋，若揭惟是，古来为图甚多，而深切著明者盖鲜。夫星之定位，原自分秒不移，乃于经纬度数溷（同"混"）而莫辩，按图者，将何据焉！昔之论星者，有甘德、郭璞、宋均、郭守敬诸贤，皆亦青蓝之互出。今予独依西儒汤先生法，为图四种，一曰"见界总星图"，一曰"赤道两总星图"，一曰"黄道两总星图"，一曰"黄道二十分星图"业已进上，公之海寓，似无遗义。兹所刻则因前图尺幅狭小，位次聊络之间恐于天象微有未合，不便省览，复督同事诸生邬明著辈从先生指授，制为屏障八面，绘以两大图，就中每星、每座一一依表点定分布，既宽体质自显，则斜正疎密之界殆和盘托出矣。故以赤道为界，图各一周外分三百六十五度四分度之一，是为天之经，剖浑体二之，一以北极为心，一以南极为心，繇心至边九十度，两极相距百八十度，是为天之纬。其去极二十三度半有奇，复作一心者，黄道极也。从黄道极出曲线抵界者，十二宫也。从心至界分二十八直线者，二十八宿各距星所占度分也。又各有斜络赤道上下广狭不等，疑若白练者，则俗所称云汉是也。南极图自见界诸星外，尚有极旁隐界星，旧图未载，此虽各省直未见，而从海道至满剌加国悉见之。

我国家大一统何可废也？因是测定星若干，为座若干，增入星若干，增座若干，俱等以六，各各有黄赤经纬度，各各用崇祯戊辰年实躔度分。与他测有经无纬，有经纬无，随时随地测候，活法者迥别，且不直此也。图之上下隙为"黄赤总图"左右隙为"五纬图"，以至分者合之，合者分之，具有本论，总期与天一而已。傥是图尘，皇上乙夜之观，憬然悟天体之真，洞然晰经纬之道，罗星斗于胸中，授人时于指掌。为诸臣者鉴，郎官列宿，尚书北斗之任之重劾（同"效"）职，布公时厘（同"仅"）荧惑守斗之虑，求致五星聚奎之详，而共奏泰阶六符于无艾乎，则是图之有裨于朝廷世道，讵小补云。

赐进士第光禄大夫柱国太子太保礼部尚书

兼文渊阁大学士奉敕督修历法徐光启题[①]

黄道经纬仪

《测恒星黄道经纬仪说》

冶铜为六环，外内相次递结于黄赤二道之南北极，第一甲圈平分三百六十度，恒定不移，以象静天。次乙为子午圈，从心出庚辛直线，两端则赤道南北极也。次丙为极至交圈，次丁圈以壬癸为之轴，去赤道二十三度半有奇，本圈限黄道之经度，去本极前后各九十度。设黄道圈周分十二宫与本圈相交为直角，两交处为冬夏二至去交最远之两点为两分，次戊圈与丁丙圈同极为黄道纬度圈，次巳圈规面切戊圈，其两旁偕为平行。设两窥表相向，法于日将入时，以甲乙圈定本方极出地度分，转丁圈定黄道上太阳经度，转戊圈以巳圈窥表向月，令月与二表参直，即得月离经度，日入后又转黄道圈以巳圈窥表向月，用元定黄道独转戊圈，以巳圈窥表向星，则戊圈所定黄道一点为星之定经度。因推某星之经度，又以巳圈窥表向星，或南或北，从戊圈上定本星之纬度。

汤若望撰[②]

地平经纬仪

《测恒星地平经纬仪说》

分地平圈为三百六十以限经度，其全圈循周为渠，用以注水准平焉。中心为圆孔以受轴，去地或二三尺许，与地平平行，承以六础。别作一象限，容地平之纬度，其半径与平圈之全径等，平分其

---

① 汤若望，《赤道南北两总星图》明刊本，梵蒂冈宗座图书馆藏。

② 汤若望，《赤道南北两总星图》明刊本，梵蒂冈宗座图书馆藏。

径与平边为直角，而传之轴。轴之下端入于平圈之孔为甲，即象限侧立于平圈之上，相与为直角，而环行不滞，可周窥也。平边之下，依过平圈之线为乙丙衡，一端居仪背于乙，立斜柱以支仪，一端居仪面于丙，作指线为度，指以取平圈之度。又设一窥衡为丁戊，长与仪等衡之，首剡为圆形，从衡心丁出线至衡末，依半衡之边作直线，名曰"指线"，近衡两端各立一窥表，表与衡之平面为真法，定仪依子午线取正水平，取平转象仪向本点升降，窥衡取本点相参直，即得地平上之高为纬度，度指所当平弧之度分距子午或卯酉为地平之经度，依次经纬度可推某星升度，清蒙气差及定时刻等。

汤若望撰[1]

赤道经纬仪

《测恒星赤道经纬仪说》

外设子午圈为乙，周分三百六十度，游移癸架上，以就本方北极出地之高，平分其周而设之轴，平分其轴而设之表，当天顶而设之垂线，架之下设之螺旋，能展转而高下之，以取平也。于子午圈内至巳圈，于巳圈之中界置丙丁圈，丙丁圈者，赤道也。两圈之内又设为戊辛圈，戊辛与外圈同轴，自为旋运，不交于外圈，而丙丁、戊辛两圈之上各设两游耳，可离可合，所谓百游无定之通光耳也。各圈俱平分三百六十，以定度分，其测星也。用赤道圈求经度法，以两通光耳，一定焉、一游焉。一人从定耳窥轴心之甲，表与第一星参直，一人移游耳，展转迁就，亦窥甲表与第二星参直，两耳间之度分，即两星之真经度差也。用戊辛圈求纬度，亦以通光耳迁就焉。若测向北纬度，即设耳于赤道南，测向南纬度，即设耳于赤道北，所得游耳下本圈之度分，在赤道圈或南或北，即本星之距赤道南北度分。

邬明著识[2]

---

[1] 汤若望，《赤道南北两总星图》明刊本，梵蒂冈宗座图书馆藏。

[2] 汤若望，《赤道南北两总星图》明刊本，梵蒂冈宗座图书馆藏。

纪限仪

《测恒星相距纪限仪说》

用全圈六分之一平分六十度，以甲为心，甲丁尺为度尺，树圆表于甲，为尺枢，其末丁则游移乙丙弧上，以定度分。丁上立一通光耳。耳上于中线两旁各作一镬，两镬之间与甲表之径等，是耳随尺游移，故名通光游耳。又于乙上立一耳，常定不移，是名通光定耳。又别作一耳，用则加之，否则去之，名通光设耳。全器支以架，令上下左右偏正无所不可，以便展转测诸曜之距度分。临测先定所测之二星，顺其正斜之势，以仪面承之。令一人从定耳之一镬窥甲表同方之一边。令目与表与第一星相参直，又一人从游耳窥第二星，亦如之，次视两耳下两中线之间，弧上距度分，即两星之距度分也。若相距度分绝少，难容两人并测，即加设耳于戊，所得巳戊线与甲庚平行，使从戊窥巳，从庚窥甲，其度分等，故以戊巳当庚甲，向巳表窥第一星，而丁甲度尺对第二星如前，从庚外数之，即所测两星距度分。

明著识[1]

古赤道星图

《古赤道图说》

恒星赤道图之有古今也，岂尽前测未密哉，天行使然耳。盖诸星依黄道行，与赤道经纬俱以斜角遇，因其斜迤微有动移。如觜宿距星，汉落下闳测得二度，唐僧一行、宋元祐、元丰皆一度，崇宁半度，元测五分。今测之，不啻无分，且侵入参宿二十四分矣。角宿一星，周赧王丙寅测在鹑尾二十二度，汉永和鹑尾二十七度，今则寿星一十八度。轩辕星周时亦在鹑首二十七度，汉永和鹑火三度三十分，今则鹑火二十四度四十分矣。其间或前多后寡，或前寡后多，或寡而复多，多而复寡，种种不一，难以意为牵合，兹所定独依尧时宿度点次俟，有议者之自考焉，益以见今之不可罔以古也。

---

[1]　汤若望，《赤道南北两总星图》明刊本，梵蒂冈宗座图书馆藏。

犹古之不可图以今也，盖如此。

极西汤若望撰①

黄道星图

《黄道图说》

诸星循黄道行，虽历数千年，而运动如故，位置如故，形像如故，无远近无迟速一而已。故氐恒似斗，尾恒如钩，天津如弓，娄宿自西一二星，与天大将军南二星古今不同，作一直线乎？天关星偕毕大星，天廪南二星同在大梁宫，一直线者，古今有两乎？以至北河二大星与五诸侯中星为三边等三角形，御女星与轩辕向北第二、第四、第六星皆相距等远，次相星与角宿北星、亢宿北二星，在鹑尾宫皆作一直线者，古所传与今所见有一不符合乎？是以知恒星黄道经纬度终古不易也。是以知诸曜各有道，各有极，各有交，各有转，纷糅不齐，非定恒星之黄道经纬，即诸曜之经纬无从可考也。故于两赤道大圈外又绘以黄道图云。

邬明著议②

赤道南北两总星图

《赤道南北两总星图说》

从古图星者，以恒见圈为紫微垣，以恒隐圈界为总图之界，过此以南不复有图矣。西历因恒见圈南北随地不同，故以两极为心，以赤道为界平分南北二图，以括浑天可见之星焉，此两法所繇以异也。盖浑天圆体，赤道以南天度渐狭。而在见界总星图，则渐广形体相违，诸星难以载入，惟分赤道为二，则经纬相应，理势相应，而诸星之位置错落，无不了了分明矣。两图外周分三百六十，则赤道经度也，是名"平度"。内周分三百六十五度四分度之一，准一岁太阳行天一周之数，是名"日度"。凡造器测天推步演算，先用平度特为径捷，测算既就以日度通之，则所省功力数倍，故两用之也。

---

① 汤若望，《赤道南北两总星图》明刊本，梵蒂冈宗座图书馆藏。

② 汤若望，《赤道南北两总星图》明刊本，梵蒂冈宗座图书馆藏。

其两大图中左右正对出直线，至界上细分南北各九十者，为赤道纬度，亦平度也。更从心至界周分二十八直线者，依二十八宿各距星所占度分也。诸直线虽从心得分，必以中州常见之圈，距极三十六度为内圈，是乃所谓紫微垣也。去极二十三度半有奇，复作一心者，黄道极也。从黄道极出曲线抵界共十二者，乃黄道经度分十二宫者也。其三百六十度黄赤度分同者，独二分二至四线为然，余各有参差，而黄道经纬度必依平仪为形，故广狭渐有不同也。论星以芒色分气势、以大小分等第，而等有六，各以本等印记分别，其间内有旁加小圈者，乃新所测尚未入表者也。此六等皆依本视径推其本体之大小以成象，设使居天等，其距地亦等，傥远近不等，则其实径必不随其视径，故以第六等较第一等，其远近距当得数万大地之半径。此外复有中虚者，旧疑非星，因称为气，今用远镜窥测皆星也。因恒时不见，姑为圈以识之，各等中或有微过，或不及其差，无尽匪目所能测，匪数所可算者也。自古司天文者，大都以可见、可测之星，求其形似，联合而为象。因象以命名，虽旧图有三垣二十八宿，三百座，一千四百六十一有名之星，如世所传巫咸、丹元子之书之类。然不能尽图者尚多，就所已图者细测之。其中尚在有无疑似之间者亦复不少，今则非一一实见之测，不敢图，间有旧图未载，而临测时各各俱有经纬度者，亦无妨增入焉。又自见界诸星而外，尚有南极旁隐界诸星，虽各省未见，从海道至满剌加国悉见之，胡可略也。惟是向来无象、无名，因以原名翻译，共得星一千八百一十二，其第一等一十六星，第二等六十七星，第三等二百一十六星，第四等五百二十二星，第五等四百一十九星，第六等五百七十二星。今欲以赤道经纬平度考某星度分法，用平边界尺从图心，因切某星至图边，得所指某宫某度分，即崇祯元年戊辰本星之赤道经度分。次用规器依元定界尺从赤道量至本星，以为度，用元度依左右分度在线量得度分，即本年本星之赤道纬度分。简本图度分，复查本宫表所注度分，即知绘图、立表、测天三事，悉皆符合。至量黄道度，赤道图中无定法，且此所分止有黄经度。因纬度当依宫次之弧线，弧线当依平面仪曲直各不同，故随宫次曲线内查恒星，则其居线之远近，虽能略指黄道度，而终未密也。若日月五星距黄道内外不远，则以其行度查在本图何宫宿与何恒星同度，即得七政所躔宫度。其两大图左右共十小图，则五星经纬图也。左经右纬各依本星之迟速为一周，虽星之周而复始者，所行之辙非故，大约迟、留、伏、逆皆相似，故止各绘一周之岁月，以概其余。

极西耶稣会士

汤若望　撰

罗雅谷　订

访举　邬明著　图

陈于阶　杨之华　祝懋元　朱国寿

孟履吉　黄宏宪　程廷瑞　张寀臣　仝测[①]

南怀仁《赤道南北两总星图》

图 6-22　南怀仁像

南怀仁（Ferdinand Verbiest，1623～1688年）是清初比利时来华的传教士（图 6-22）。作为汤若望的继任者，他改造观象台仪器，并主持编撰完成了《灵台仪象志》。该书共十六卷，内含新测星表，收录1368星，并增附508小星，共1876星，使用康熙十三年（1674年）为历元。

南怀仁曾绘有《赤道南北两总星图》一幅（图6-23），该图包含"赤道南北两总星图解"一篇及赤道

---

① 汤若望，《赤道南北两总星图》明刊本，梵蒂冈宗座图书馆藏。

南、北星图各一。该星图采用自天球南北两极之外俯视天球诸星的视角，图上方还附有小图两幅，用以说明地平之上和地平之下的见界范围。

《赤道南北两总星图解》

《视学》有云：凡有形象之物，其径线直射人目。若人目与所参之物中有透明平面之形以间之。如纱牕（同"纱窗"）等，则其物之径线直透明窗（同"窗"），而象见于其中矣。缘此按视学之理，绣（同"绣"）为《赤道南北两总星图》，盖人目从天球南北两极，视赤道圈之平面为透明之体，如玻璃水晶之为平面焉。夫赤道当南北两极之中，人目从南极而窥赤道以北，则北半球天球之星座宫度等，必从目所射之直线。或云物形从径线射人目，或云人目从径线窥见物形，理无二也。而透映其象于赤道平面圈之北。其星象宫次皆有疎（同"疏"）密不同之度分也。用是依人目于南极窥射之光线而得所见之诸象，以图赤道北之总星焉。又依人

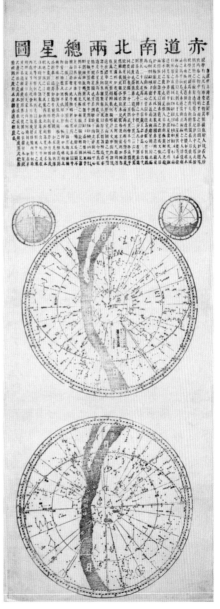

图6-23 南怀仁《赤道南北两总星图》
（法国国家图书馆藏）

目于北极窥射南半天球之诸象，而图赤道南之总星焉。此理详载于《视学》论内。总之，《赤道南北两总星图》一以北极为心，一以南极为心，皆以赤道为界。从心出直线抵界，凡二十八者，为二十八宿线，又细分为三百六十，则赤道之经度也。全图之半径分为九十者，则赤道之纬度也。盖黄赤二道俱分十二宫三百六十度，其同度同分者，独二分二至四正，其有余各有参差，《简平规总星图》自见界诸星而外，尚有南极旁隐界诸星，旧图未载。此虽各省直未见，从海道至满剌加国悉见之。满剌加者，属国也。考《一统志》与地图，凡属国越在万里之外，皆得附载，何独略于天文。如海南诸国，近在襟带间。所见星辰，历历指掌，而图籍之中，可阅诸乎。惟是向来无象无名，故以原名翻译附焉。若赤道左右星座，为赤道所截，分载两图，求其全像具在《简平规总星图》也。至若测验时，于南北两图之中心安轴，并置时盘及地平半圈。设两半圈，一在两极上，一在北极下，合为地平全圈。则两图旋转，与天球无异，见左右一图。盖时盘同地平圈不动，而但于南北极之两轴，以图旋转之，则见诸星自西而东出入地平，一如天球之转动焉。若图不动，而以时盘及地平圈转移之，其用一也。又若以平面一版，上置北极星图，下置南极星图，其南北两极所安之时盘及地平弧。相合于一轴，即如天球南北两半球相合，亦如浑天依南北两极之运动焉，其用法（同"法"）约举三端，亦如《简平规总星图》。

如求某时刻浑天之象，则以时盘之上某时刻，移对于本日节气度。视地平圈之上下，及东西南北所列诸星，即所求本日本时浑天之诸象也。

如求某星出入地平，及在天中等向系何时刻，则先以某星正对地平上之东西南北等方向。次查本日节气度，于时盘内对何时刻，即某星是日任天某方向之何时刻也。

如求某星之赤道经纬度，则用界尺从图心引线切本星，视尺边所指之度，为本星或南或北之纬度，其尺锐所指经圈之度，即本星躔赤道之经度也。[①]

---

① 南怀仁，《赤道南北两总星图》，法国国家图书馆藏。

傅圣泽《中西对照星图》

明清之际，耶稣会入华给中西文化交流带来了不小的影响。一方面，通过利玛窦（1552～1610 年）的"文化适应"策略，基督教在中国的发展有了一席之地。与此同时，通过"科学传教"的手段，西学东渐不断地拓宽中国士人阶层对西方的认识，在一定程度上也推动了中国科学技术的发展。这期间耶稣会士成为融汇东西文化的桥梁，开启了中西交流史上前所未有的时代。

耶稣会士不断钻研汉语，熟读儒家经典，研习中国礼仪，通过调适中西文化的方式来阐释和宣扬教义。然而，在他们传教过程中，也面临着许多困境与挑战。一方面，耶稣会士为了取得教宗及欧洲公众对在华传教事业的支持，高度赞扬中国的文明程度。这就导致在面对中国上古史与《圣经》编年产生冲突时，不得不给出合理地解释和回应。另一方面，随着葡萄牙、西班牙和法国等国对保教权^①的争夺，各修会之间也卷入了明争暗斗的竞争与博弈。由于对教义理解的差别，产生了对传教策略的分歧，其最终结果则是造成了旷日持久的"礼仪之争"。

面对这些问题，17 世纪的一部分耶稣会士开始试图给出解决办法。他们将赫尔墨斯神秘思想^②的传统运用到中国，利用《圣经》的释经学技巧，致力于从中国古代文献中寻找《旧约》中对应记载的人和事。通过这种推理性的神学，他们试图论证中国古代文献记载了基督教教义，以促使中国人顺其自然地皈依基督教^③。这些耶稣会士通常被称为"索隐学派"，傅圣泽（Jean-François Foucquet，1665～1741 年）就是其中之一。

傅圣泽出生于法国荣纳省，曾就读于巴黎的耶稣会士学校——路易大帝学院，成为一名耶稣会初学修士，这期间他学习了哲学、算术、几何、音乐和天文学等内容。1698 年，傅圣泽志愿到中国传教，于次年抵

---

① 保教权是由罗马教廷授予的由世俗政权承担的保护天主教在非天主教国家传播的权利和义务，是天主教传教事业上的一种优惠特权。

② 赫尔墨斯思想是一种护教神学，认为一些非基督教著作中蕴含了基督教信仰的遗迹。

③ 龙伯格著、李真、骆洁译，《清代来华传教士马若瑟研究》，郑州：大象出版社，2009 年，第 5 页。

达厦门。在随后的十余年中，他主要在江西等地传教①。1711年，傅圣泽奉命进京协助白晋（Joachim Bouvet，1656～1730年）研究《易经》。随后因钦天监推算夏至时刻失误，导致结果与实测夏至日影不符，于是他被康熙帝委任翻译西方天文著作②。

　　大约在1722年，傅圣泽从中国返回巴黎之后，完成了一幅中西对照星图，该图采用中文和拉丁文两种文字③。在投影方式上，这幅星图采用了中国传统的"见界星图"的形式（图6-24），图中所绘制的皆为中国实际可见的恒星。不过，该图并没有采用中国传统的星官体系，而是使用了西方的星座。星座皆标注有拉丁文星座名，部分星注有中国星名，如轩辕、五帝座、天将军、老人、造父和天皇大帝等（图6-25）。

　　傅圣泽的中西对照星图与同时期的其他在华传教士绘制的星图有着较为明显的差异。例如，汤若望

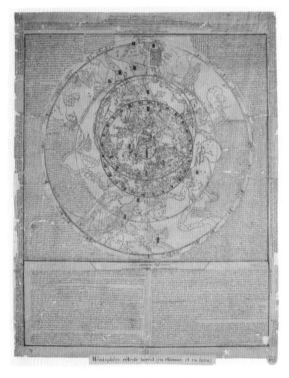

图6-24　傅圣泽的中西对照星图
（法国国家图书馆藏）

---

① 魏若望著、吴莉苇译，《耶稣会士傅圣泽神甫传：索隐派思想在中国及欧洲》，河南：大象出版社，2006年：第1-10页。

② 张西平，《清初一位重要的来华耶稣会士——〈欧洲与中国思想的争论：耶稣会士傅圣泽神甫传记〉中文版序言》，《中国文化研究》，2006年第3期：第120-125页。

③ 图书馆登记的法语题名为"Hémisphère céleste boréal avec légende en chinois et annotations manuscrites en latin"（即"带中文和拉丁文手写注释的北天球星图"）。

的《见界总星图》、
南怀仁的《赤道南
北两总星图》，以
及纪理安（清初德
国传教士）的《方
星图》虽然采用不
同的坐标体系，但
皆注重星图的科学
性。因为这些星图
的绘制大多与明清
时期的历法修订工
作有关，所以通常
有着比较精细的坐
标和刻度标识。此

图 6-25　傅圣泽的中西对照星图（局部）

外，由于中西方科学和文化的差异，这些星图除了增加少量采用西方传统的南极星座外，总体上都尽可能沿用中国传统星官[①]。

　　相比而言，傅圣泽的星图并没有精密的坐标刻线，只是在星图赤道圈内侧及外规外侧分别象征性地标注有二十八宿名称及对应的 28 种动物形象。其中，所绘制的星座也全都是西方的。这些星座图像大体借用了法国天文学家腊羲尔（Philippe de La Hire，1640～1718 年）于 1705 年出版的一幅名为 *Planisphère Céleste Meridional*（北天星图）的法语星图（图 6-26）[②]。因此，以上特征都表明，该星图有着与众不同的用途[③]。

---

① 李亮，《皇帝的星图：崇祯改历与〈赤道南北两总星图〉的绘制》，《科学文化评论》，2019
　　年第 1 期：第 44-62 页。

② 腊羲尔的星图基于黄极坐标体系，以黄极为中心，且以黄道为界分别绘制南北天区的星座。

③ 傅圣泽在其著作《历法问答》中还曾翻译了腊羲尔所测在巴里府（即巴黎）地平上所见最
　　有名的 64 颗星的星名，包括以下星座：白羊、海鳌（鲸鱼座）、金牛、天御手（御夫座）、
　　巨人（猎户座）、大狗、小狗、双兄、虺蛇（长蛇座）、狮子、室女、大熊、乌鸦、牧牛
　　（牧夫座）、冕旒（北冕座）、天平、缠人蛇（蛇夫座）、蝎（天蝎座）、武人（武仙座）、琴
　　（天琴座）、人马、鹏鸟（天鹰座）、鹤（天鹅座）、摩羯、宝瓶、飞马、屈锁女（仙女座）。
　　这些星座除十二宫外，大多也是对西方星座较早的汉译。

图 6-26 腊羲尔的 *Planisphère Céleste Meridional*（北天星图）

　　傅圣泽星图正上方有拉丁文标识 "*Pro confirmatione systematis temporum propheticorum*" [1]，表明其创作目的是为了考证先知时代的体系。除了图像，星图的四周各写有八段中文和拉丁文文字[2]。中文部分是利用中国典籍对与星图相关的上古传说和历史天象进行阐释，首先是强调易学著作的可靠性，并认为《易经》中隐藏有中国古代的神圣寓意。中文文字部分引用有《周易全书》《周易大全》《易传》等书，强调 "先儒谓天地间原有一部《易书》，开眼顷见，圣人不过即其所见，以模写之耳，非圣人创为之也" "伏羲作易，以象示人，而象之起义，则本于天垂象"，以及 "夫《易》彰往而察来，而微显阐幽" 等内容[3]，突出了《易经》在

---

① 其含义即 For the confirmation of the system of prophetic ages（为了检验先知时代的系统）。

② 星图中拉丁文记有 "Hoc planisphaerium est in duplici, nempe in recto et inverso situ contemplandum" 其含义即 This planisphere is to be examined in two directions, namely right-side up and up-side down（这幅图可以从两个方向进行阅读，即自上而下和自下而上），说明它有自上而下和自下而上两种阅读方向。星图四周的中文和拉丁文注释也有上下颠倒，与星图的阅读方向对应。

③ 傅圣泽，*Hémisphère céleste boréal avec légende en chinois et annotations manuscrites en latin*，法国国家图书馆藏。

示象起义方面的特殊性。

　　傅圣泽还引用了《左传》《中庸》《公羊》《谷梁》等儒家经典，以及《史记》《纲鉴》《路史》等历史著作中对上古传说的描述，如盘古开天、伏羲作易、共工作乱、女娲补天，以及尧使鲧治水等。他还引用《纲鉴》中的"共工氏振滔洪水，以害天下，事物绀珠。天河又曰天汉、倾河"等内容，试图将银河与大洪水相联系①。此外，星图中还引用了《山海经》《埤雅》《图书编》《天元历理》等书，对上古名物及星象进行解释。例如，通过《山海经》对"琴"的阐释，以及《天元历理》所记"天籥〔yuè〕八星黄，注：所谓黄钟之籥"，将西方的天琴座与中国的天籥星官联系起来，类似的关联还有西方的天鸽座与中国的元鸟等。该星图的拉丁文文字部分，除了对引用的中文典籍进行解释，还包括一些中西对比，如指出希腊、印度、埃及的天文学有着类似的原始起源，中国的二十八宿与西方十二宫的对应关系，其中不少内容也与《圣经》及西方神话有关。

　　可以说，在傅圣泽看来"造物大主宰，初生人类元祖"，上帝除"赋以元善纯粹之性"之外，还命其"建定测天之规，传于后裔"。虽然经过历代继述，年代久远，所传内容已有残缺，但"上古真传之义，犹可于古典中而得其端倪"，并且他还确信"余历览中西书籍，咸有其据"②。这种思想应该也是他绘制中西对照星图的主要目的，希望以此探寻古代天象与经传之间的联系及证据。

戴进贤《黄道总星图》

　　1721年，意大利画家和雕刻家利白明（F. B. Moggi，1684～1761年）来到中国，负责德国传教士戴进贤（Ignaz Kögler，1680～1746年）绘制的《黄道总星图》铜版的制作，并于雍正元年（1723年）印行，这幅星

---

① 索隐派学者白晋也有类似的阐释，如认为龙为撒旦的"影像"，银河则象征撒旦及其同伙通过因他的堕落而引发的洪水来毁灭人类。
② 傅圣泽，《历法问答·恒星历指》，大英图书馆藏康熙抄本。

图 6-27　戴进贤像

图主要参考了南怀仁的著作《灵台仪象志》，并在此基础上做了相应补充。

戴进贤（图 6-27）1680 年生于德国兰茨贝格，16 岁加入耶稣会，来到中国之前，他在大学讲授数学和东方语言。1716 年来华后，他受康熙皇帝征召进京参与历法修订，雍正三年（1725 年），授钦天监监正之位，成为钦天监的实际负责人。他主持钦天监工作多年，在介绍西方天文学和进行天文观测方面，作出诸多贡献。因为功劳卓著，雍正九年（1731 年），他被授予礼部侍郎二品衔。

英国科技史学家李约瑟是最早关注戴进贤《黄道总星图》的学者。据其记载，1959 年，英国藏书家菲利普·罗宾逊（Philip Robinson）向他咨询了一份名为"黄道总星图"的中文星图（图 6-28）。这份星图曾与 18 世纪著名法国汉学家宋君荣（Gaubil Antoine，1689～1759 年）寄往欧洲的一批信件被收藏在一起。其中有一封戴进贤所书日期为 1726 年 3 月 13 日的拉丁文信件，当中也提到这份星图。罗宾逊所藏的这幅戴进贤星图四周有拉丁文笔迹，分别对应图中五星名称及星图中标题的拉丁文翻译，此外还有五星的西方天文学符号。李约瑟认为这些笔迹很可能就是戴进贤本人所写，用以向欧洲人介绍这幅图的基本内容。

20 世纪 60 年代，李约瑟又在剑桥大学的惠普尔科学史博物馆发现一幅由八屏组成的星图屏风，名为《新旧天文图》，为 18 世纪朝鲜李朝时期所绘。其中的新图部分正是依据戴进贤的《黄道总星图》，于是李约瑟撰文对这两幅图进行了比较[①]。此后，日本学者桥本敬造在比利时皇家

---

① Needham J, Gwei-Djen L, Major J S, et al. *The Hall of Heavenly Records: Korean astronomical instruments and clocks, 1380-1780.* Cambridge University Press, 2004 年 :153-179 页。

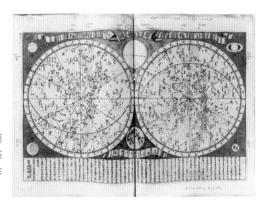

图 6-28　戴进贤《黄道总星图》(雍正元年，1723 年版，英国藏书家菲利普·罗宾逊旧藏，星图四周有作者戴进贤的拉丁文笔迹)

图书馆也发现一幅戴进贤《黄道总星图》[1]，中国学者潘鼐在法国国家图书馆和上海图书馆也发现有该图藏本[2]。事实上，除以上发现外，该图还有其他相当多的不同版本。

　　雍正本《黄道总星图》刊于 1723 年，整幅图宽约 60 厘米，高约 37 厘米，上面题有"黄道总星图"五个字，署名为"大清雍正元年岁次癸卯，极西戴进贤立法，利白明镌"。图上所有恒星依据一至六星等，以及气（即星云），共分为 7 种。整体结构为上图下文，图形镌刻细致准确，具有明显的西洋风格。除采用当时最新的铜版技术印刷外，这幅图还有另外两个特点。第一是采用黄道坐标体系，也就是说，该图是以黄极为中心，分别绘制了黄道南北恒星图两幅；第二是星图中缝及四周绘制有当时欧洲采用望远镜观测的诸多最新天文发现。例如，图中部的上方绘有太阳黑子，中间绘有水星位相，下方绘有月面山海，左上角绘有木星及其卫星，右上角绘有土星光环及其卫星，左下角和右下角分别绘有金星位相和火星（图 6-29 ）。

　　雍正元年版《黄道总星图》下方有五百余字的文字解说，详细介绍了当时最新的天文知识，其内容如下。

　　　　《黄道总星图》中心为两极，外圈为黄道，以直线分为十二宫。

① Hashimoto K. Jesuit observations and star-mapping in Beijing as the transmission of scientific knoeledge, *History Of Mathematical Sciences: Portugal and East Asia II*. 2015 年 :129-145 页。

② 潘鼐，《中国古天文图录》，上海科技教育出版社，2009 年：114 页。

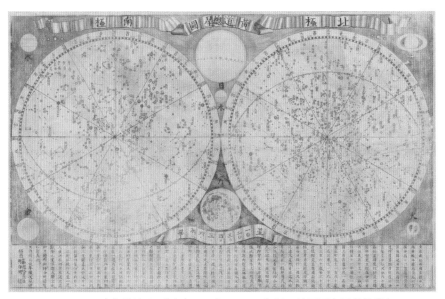

图 6-29 《黄道总星图》(雍正元年，1723 年版，法国国家图书馆藏)

边列宫名，节气随之，每宫分为三十度，按度查恒星经度。以丑宫线至中心，又分九十度，为恒星纬度。但恒星之纬从无变更，其经度每年自西往东，定行五十一秒，大约积七十一年满行一度。图上有赤道分界，一在南图，从初度至一百八十度；一在北图，从一百八十度至三百六十度。每三十度虚线相交，至赤道南北两极，查看赤道经度，得识恒星每日旋行一周天之数。又周天星形，自古迄今，稍有隐见不一。假如旧见，而今偏隐，又有旧隐，而今反见。光之大小亦不相等，此理即习知天文者亦难明徹（同"彻"）。此类星形，大约隐见于天汉之内，聚集无数小星，莫可纪极。两星图外，又有七政体象。太阳之面，有小黑影，亦常无定，运行二十八日满一周。太阴之面，以太阳之光，正照显明影，偏照显黑影。土星之体，仿佛卵形，亦有变更。远于赤道，其星圈所宕甚宽；近于赤道，其星圈相逼甚窄。外有排定小星五点，非大千里镜不能测视。其旋行土星之体，相近土星者为第一，大约行二日弱；第二星，行三日弱；第三星，行四日半强；第四星略大，行十六日；第五星，行八十日，俱旋行土星一周。木星之面常有平行暗影，外有小星四点。第一星，行一日七十三刻；第二星，行三日五十三刻；第三星体略大，行七日十六刻；第四星，行十六日七十二刻，俱旋行木星一周。火星之面，内有无定之黑影。金、水星俱借太阳之光，如月体相似，按合朔、弦望以显其光。

　　　　大清雍正元年岁次癸卯，极西戴进贤立法，利白明镌[①]

　　在这篇图说中，戴进贤介绍了黄道坐标星图的特点、西方黄道十二宫与中国二十四节气对应关系、如何查看恒星的经度与纬度，以及岁差的影响等。此外，文中还记载有"太阳之面，有小黑影""天汉（银河）之内，聚集无数小星""土星之体，仿佛卵形""火星之面，内有无定之黑影""金、水星俱借太阳之光，如月体相似，按合朔、弦望以显其光"等新知识。这些知识源自伽利略、卡西尼和惠更斯等人的成果。

　　目前，有多幅藏于欧洲的《黄道总星图》有被使用的痕迹，其中的一些线索充分反映了当时中西科技交流的过往。除前文已经提到的菲利普·罗宾逊藏本外，值得注意的还有法国国家图书馆藏本和巴黎天文台藏本。其中，法国国家图书馆藏本在其北半球部分，有红色的笔迹将图中的传统星官按照三垣二十八宿分成不同的区块，用以向欧洲学者解释中国的传统天空如何划分天区。

　　巴黎天文台藏本则是由法国耶稣会传教士宋君荣从北京寄回法国的。宋君荣字奇英，于1721年来华，精通汉语和满语，曾在清廷担任拉丁文教师，训练满族翻译人员。他翻译有《书经》等大量中国史学著作，并著有《中国纪年方法》等，被誉为18世纪"最博学的耶稣会传教士"。在天文学方面，他著有《中国天文学》《中国天文学史》，并翻译有《丹元子步天歌》等，在系统地向西方介绍中国古代天文学成就方面作出重要贡献。

　　在这幅《黄道总星图》中，"天弁"星附近绘有彗星图案，旁边有拉

---

① 戴进贤，《黄道总星图》，雍正元年刊本，英国国家海事博物馆藏。

丁文"*1742, 2 Mart*"（意为 1742 年 3 月 2 日）等注释，反映的是在华耶稣会传教士把 1742 年 3 月在北京观测到的彗星记录标记于该星图上以传回欧洲，所以图标记有一连串的日期和彗星图案，以表明在此后的一个多月时间的彗星所处的位置（图 6-30）。关于这次彗星的记录，我们在中文史料中也能找到对应的记载，如《清朝通志·灾祥略一》记有乾隆七年正月丙戌（即 1742 年 3 月 2 日），"异星见于斗宿之次，在天弁第二星之上，其色黄白，向西北逆行，四十余日隐伏"[①]。

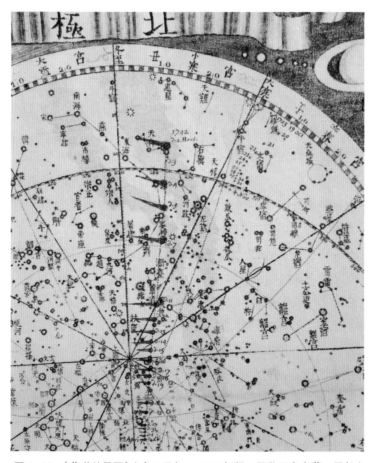

图 6-30 《黄道总星图》（雍正元年，1723 年版，巴黎天文台藏，局部）

① 庄威凤、王立兴，《中国古代天象记录总集》，江苏科学技术出版社，1988 年。

戴进贤的《黄道总星图》在内容和装饰风格上借鉴了一幅完成于1687年的意大利星图。这幅星图名为"*Planisfero del Globo Celeste*"[①]，分别由意大利天文学家布鲁纳奇（Francesco Brunacci，1640～1703 年）绘制，雕刻师 Vin Mariotti 雕刻，吉雅科莫·罗西（Giacomo Rossi）于罗马出版。星图下方有标题为"*Descrizione del Globo Celeste di Francesco Brunacci*"的图说，其中提到星图的内容参照了德国学者拜耳（Johann Bayer，1572～1625 年）于 1603 出版的 *Uranometria*（《测天图》），此外这些文字还包括了星图中的恒星数、星云数，以及相关符号标记等信息（图 6-31）。

图 6-31　布鲁纳奇星图

总体上看，布鲁纳奇星图装饰华美，上色后色彩艳丽，且采用了以黄道北天极和黄道南天极为中心的黄道坐标体系。全图共绘有 63 个星座，包括当时新补入的鹿豹座和后发座等。另外，其中还有一些如今已

---

① 星图左下和右下署名有"*Vin. Mariotti sculp Roma. Artico and Antarico*"和"*Si stampano da Gio Giacomo de Rossi in Roma alla pace con Priuilo del som. Pont l'anno 1687*"。

经不再使用的星座，如环绕着大熊座的约旦河座。

将这两幅星图比较，可以看出，戴进贤的《黄道总星图》根据中国的天文传统，做了一定的调适。首先，戴进贤将布鲁纳奇星图中北半球部分由左边调整至右边，这样星图的南北半球及周围的装饰都发生左右颠倒，成镜像对称。这样调整的目的可能有两点，一是符合中文的阅读习惯，中国古代阅读方向为自右向左，这样调整后，会先读到对于中国而言比较重要的北半球部分；二是戴进贤星图是天球内视角，也就是从地球向外仰视，这更加符合中国传统星图的绘制习惯，而布鲁纳奇星图则为从天球向地球俯视的所谓"上帝视角"。

其次，戴进贤星图的起始点选取"冬至点"，而布鲁纳奇星图选用"春分点"，这也正是中西天文学的重要差异之一（图6-32）。中国传统天文和历法通常以"冬至点"作为历元或赤道和黄道的起始点，如二十八宿亦是从"斗"宿开始。然而，西方的黄道十二宫一般从代表"春分点"的白羊宫开始（因岁差原因，"春分点"实际已经移动至双鱼座）。另外，由于赤道坐标是中国传统天文学中最常用的，虽然戴进贤的这幅星图已经改用黄道坐标，但为了满足读取赤道坐标值，图中保留了赤道的刻度，而布鲁纳奇星图只绘有赤道，赤道上却并无刻度。

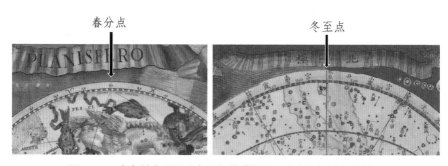

图6-32 布鲁纳奇星图（左）与戴进贤星图（右）起始点的差异

当然，两幅星图最大的差异，还是其中星座文化的不同。西方星图基本上源自古巴比伦和古希腊的星座体系，布鲁纳奇星图中就包括托勒密系统的48个星座，以及大航海时期补充的新发现的南极星座。而中国传统星官体系完善于三国时期，吴国太史令陈卓将当时主要的三家星官流派（甘氏、石氏和巫咸氏）整合在一起，并同存异后，编成了一个包括有283个星官、1464颗恒星的星表，这些星官后来被分别纳入三垣二十八宿体系。隋唐之后，随着《步天歌》等识星著作的完善和流传，三垣二十八宿星官系统逐渐成为官方标准。

　　崇祯年间，最初引入西方天文学时，对中国传统星官的处理，大致包括以下几种不同的处理方式。第一种是完全废弃，如"旧图中南天田、六甲、天柱、天床等，皆茫昧依希，不成位座。又如器府、天理、八魁、天庙等，按图索之，了不可得"[①]，因此不得不废其名。第二种是星官的实测星数与旧图记载不相吻合的，对于这一类星官，基本上保留了原来的名称，只是对所含星数作适当的增减，如"团圆十三之天垒城，今测之仅见其三；团圆十三之军市，今测之亦仅见其五"[②]。第三种则比较特殊，属于废弃后又恢复的。其中，最具代表性的就是"天理"星官。在传统星图中，该星官位于北斗的斗勺中，但因其位置极为重要，废弃后不久又得以恢复[③]。布鲁纳奇星图北斗之中并没有对应的"天理"四星，然而戴进贤星图为了与中国传统星图保持一致，还是保留了该星官（图6-33）。所以，戴进贤星图虽然在坐标体系、装饰图案上都借鉴了布鲁纳奇星图，但在星图中恒星的具体绘制方面还是遵循了中国的传统。

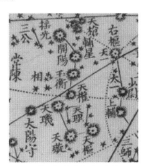

图6-33　布鲁纳奇星图（左）和戴进贤星图（右）的北斗星比较

大熊座

北斗七星及斗勺中的"天理"

① 徐光启，《崇祯历书·恒星历指》卷一，韩国首尔大学奎章阁图书馆藏。
② 《治历缘起》崇祯十年闰四月初一日奏疏。参见徐光启、李天经等撰、李亮校注，《治历缘起》，湖南科技出版社，2017年。
③ "天理"星官共四星，在崇祯年间的《黄道二十分星图》中已被废弃，但随后又被恢复。

　　《黄道总星图》图形精美，因此颇受欢迎，先后被多次重印。除了在雍正元年被镌为铜版外，《黄道总星图》在嘉庆年间被坊间使用雕版重新刊刻，并配合《协纪辨方书》[①]中依据二十四节气编排的"中星表"用于辅助夜间测时，这是西方天文测时技术尚未传入我国之前的产物，具有相当浓厚的中国传统天文学的特点。例如，嘉庆六年（1801 年），庄廷敷又将此图重印，并涂上颜色，补以《步天歌》，以及晨昏和五更中星等内容，与舆图"大清统属职贡万国经纬地球式"辑录在一起，但署名仅有戴进贤的名字，为"极西戴进贤立法，辛酉仲秋月重镌"（图 6-34 和图 6-35）。

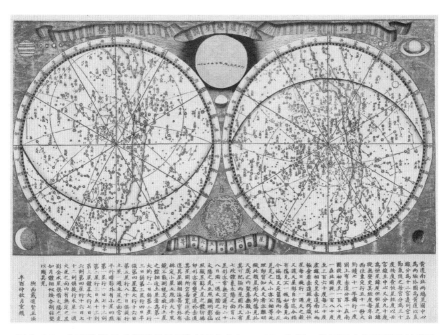

图 6-34　庄廷敷辑录《黄道总星图》（嘉庆六年，1801 年版，英国国家海事博物馆藏）

---

① 《协纪辨方书》是一部集选择之大成的著作，全书共三十六卷，主要介绍河图、洛书、八卦、天干、地支、五行、纳音、纳甲等有关内容。

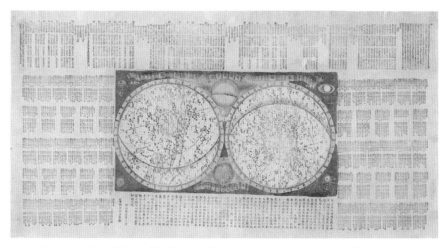

图 6-35　庄廷敷辑录《黄道总星图》(嘉庆六年，1801 年版日本横滨大学藏)

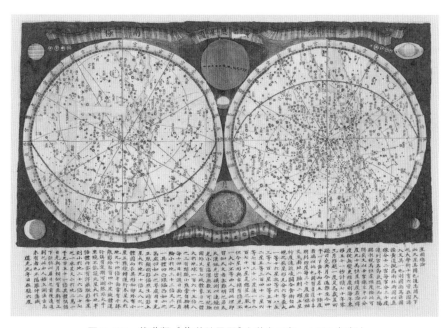

图 6-36　戴进贤《黄道总星图》(道光元年，1821 年版)

道光元年，受基督教影响的儒者罗仲藩 [又名罗仲衡，清嘉庆十八年（1813 年）癸酉科举人] 再次翻印该图，替换嘉庆刊本中的《步天歌》

和图说等内容，将其作为一种便携的识星读物，在民间的知识传播中亦发挥了不小的作用。因此，该图还有道光元年（1821年）罗仲藩本（图6-36）。

《黄道总星图》嘉庆本"叙"

古者择日不及时，《礼记》之"刚日、柔日"，《诗》之"吉日维戊、吉日庚午"是也。自后世选择之法密，而时遂较重于日，故有择日不如择时之说。盖如遁甲之三奇，八门禄命之五星、四柱，皆以时而立。时不真，则神煞之吉凶，运限之荣枯，皆不验也。时分昼夜，昼时易得，夜时难知。壶漏、钟表，其法精，而制之不易。更鼓所在多有，而疎数难以为凭。乡陬僻壤，则并更鼓无之，故一切与作男作女诞生，其时率凭工匠、妇人揣度而得。又曷怪祸（同"祸"）福征应，往往相左耶。中星者，正南方所见之星也，法本《虞书》《月令》，但彼详于昏旦，而兹则五夜莫不毕具。逐节、逐候细为推陈，其为之也，甚难；而用之也，则易。一展卷，即知其时之中星。观中星，即知为某时。盖校更鼓则甚确，而无制壶漏钟表之繁。且无论乡诚与夫居家，行路而一仰观，即得之。则欲定时者，孰善于此乎？昔年奉命修《协纪辨方书》，已纂入"公规卷"中，但其书卷帙浩繁，不能家置，而户有之，即有亦难翻阅，故复略加删节，梓为专编，以嘉惠同人，其首《星图步天歌》者，则以其为观星之津梁也[①]。

《黄道总星图》道光本"星图总论"

此天星真图也。《通志》谓："天下之大学术，十有六皆在图谱，天文其一也"，则图尚焉。兹图按黄道觚为南北两图，以直线分十二宫，每宫分三十度。边列宫名、节气随之，而太阳躔次视焉，恒星经度，按此可得矣。又以丑宫线至中心，分度九十，为恒星纬度。若论纬度，从无变更。经度则每年东移五十一秒，计积七十年零九

---

① 庄廷敷辑录《黄道总星图》，日本横滨大学图书馆藏，馆藏号 WCT/24/1-2。

月移越一度，是为岁差，所繇自《尧典》《月令》。逓（同"递"）推至今，四千一百余年而差五十余度者，端以此也。图有赤道分界，明列经度，每三十度虚线相交，至南北二极，则二曜五星行度、远近凌斗、合食术，自此觇之矣。星形凡六等，最大一等十六星，次等六十八星、三等二百八星、四等五百十二星、五等三百四十二星、六等七百三十二星，通一千八百七十八星，是总星之数也。但今星形，与古稍有隐见不一，大小不等。西人谓此理，即习知天文者，亦难明之。若夫天汉，银光碧暎，测以远镜，但见小星滴漯无数，不可纪极。图外又有七政体象，日之体大于地球一百六十五倍八之三，有黯曭（同"暗晕"）小点，常自轮转，每十四日则周日面之径。月轮小于地三十三倍又三之一，其体凹凸银镧，凸如山之高处，凹如山之卑处。因日光正照显明影，偏照生暗影。土星大于地九十倍又八之一，体圆而长，其形如卵，外有小星五点，绕转运行。木星大于地九十四倍半，面常有平抹痕影，外亦有四小星，旋体运行，俱有定期可测，然非大千里镜不能窥。火星大于地半倍，体内亦有浮痕黑影。金星则小于地三十六倍二十七之一，水星又小于地二万一千九百五十一倍，其体俱借日光，与月相似，有盈缩，有上下弦，恒以居日之前后、远近别之。此西人始立测法，古志未有者也。

正阳罗仲藩识

道光元年日在壁六度[①]

闵明我《方星图》

《方星图》是闵明我（Philippus Maria Grimaldi，1639～1712年）于康熙五十年（1711年）绘制的一种新形式的星图，共包括方星图6幅、例图及附图3幅，以及"方星图解"和"方星图用法"文字各一篇。闵

---

① 罗仲藩，《黄道总星图》道光本。

明我，字德先，出生于意大利皮埃蒙特省，1666 年经由里斯本启程前往中国传教。在"康熙历狱"[①]期间，由于多明我会另一位传教士闵明我（Domingo Fernández Navarrete，1610～1689 年）潜逃至澳门，为了避免羁押的传教士因其逃脱而受牵连。他自告奋勇，冒名顶替返回拘禁地，自此以闵明我的身份开启了长达 43 年的在华传教历程。历狱事件结束后，南怀仁以修历为名上疏康熙，请求传教士中"内有通晓历法，起送来京，其不晓历法，即令各归各省本堂"。康熙十一年（1672 年），闵明我因通晓历法，得以迎送入京，成为南怀仁在钦天监的得力助手，并在南怀仁病逝后替补其治理历法的职位。

闵明我认为制作球形的浑象颇为不易，而绘制星图则边界星座会产生较大变形，且星座被分绘于南北两张不同的图上，亦不便使用[②]，于是他将天球球体转为正立方体，绘成方星图，并认为"若今方图之制，悉免前弊，不变星座之形状，使学识星者按图以窥天，挨次识认，不烦指示，即可了然于心目，而周天之星名可历历而呼之也"[③]。方星图全图共绘星 1876 颗，并以 10 度为间隔绘有坐标刻度线；图上的星分为六等，其中一等星 16 颗，二等星 68 颗，三等星 208 颗，四等星 513 颗，五等星 339 颗，六等星 721 颗，另有气（星云）11 座（图 6-37）。

《方星图》出版后，在清代士人间引起了广泛的兴趣，在成为科学玩器的同时，也传播了天文学和视学（视学是早期对光学的一种称呼）知识。随后《方星图》还传入朝鲜、欧洲等国家和地区，不但被李朝学者竞相临摹，而且为欧洲早期汉学家进行中西星名对照提供了资料。

---

① 康熙历狱，又称汤若望案。康熙五年，新安卫官生、回族人杨光先上书，斥汤若望西洋新历法十谬。当时康熙帝尚未亲政，汤若望等人被判斩刑，后因天空出现彗星，京城又发生地震，改判汤若望免死，但仍有五人被斩。康熙帝亲政后，决定对该案进行平反。
② "方星图解"提到，"然简平规以浑圆开展为平图，以北极出地二十三度半为限，于赤道以内之星象固得尽善。至赤道以外之星形与在天者，究不得胐（同"吻"）合也。如南北两图，从浑天之赤道剖分为两半浑圆，复幂之而为两平圆。人从南极视北，或从北极视南，所见之星固与天合。然人当两道之下，视赤道之星座，因分绘两图，殊难识别矣。"
③ 闵明我，《方星图》，中国国家图书馆藏，康熙刊本。

有研究认为，闵明我的《方星图》是基于法国耶稣会士巴蒂斯（Ignace Gaston Pardies，1636～1673 年）所绘的 *Globi coelestis in tabulas planas redacti descriptio* 星图而作[①]（图 6-38）。不过，从《方星图》所绘的星官来看，其在内容上还是基于中国传统星官体系，只是在形式上借鉴了西方的星图样式。

巴蒂斯生于法国波城，他于 1652 年加入耶稣会，曾一度教授古典文学，写过许多散文和诗歌等短篇作品。在担任高级教士之后，他在巴黎的路易大帝学院（College of Louis-le-Grand）教授哲学和数学，并发表了一些关于物理学、数学和光学的著作。法国《拉努斯百科全书》

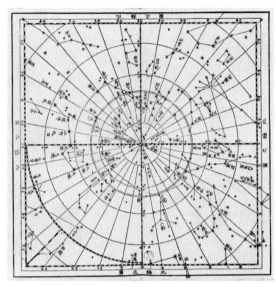

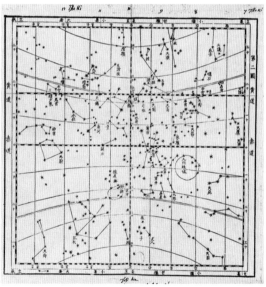

图 6-37 《方星图》（局部，法国国家图书馆藏）

称他为"几何学家"，美国《科学家传记辞典》称他为"物理学家"，但

[①] 潘鼐，《中国恒星观测史》，学林出版社，2009 年，682 页。韩琦，《通天之学：耶稣会士和天文学在中国的传播》，生活·读书·新知三联书店，2018 年，95 页。

图 6-38　巴蒂斯的 *Globi coelestis in tabulas planas redacti descriptio* 星图〔局部〕

其主要社会身份则是"耶稣会士"。巴蒂斯曾密切关注法兰西科学院的早期活动，积极地与惠更斯、牛顿和莱布尼兹等著名学者通信，并与罗马著名耶稣会士基歇尔（Athanasius Kircher，1602～1680年）保持长期联系。巴蒂斯著述颇多，其中最具影响力的就是《几何原本》（Element de Geometrie）。据记载，白晋曾建议使用巴蒂斯的《几何原本》给康熙皇帝作为教科书[①]。

巴蒂斯的天文图集 *Globi coelestis*[②] 是在他去世后，于 1674 年出版的。该图集由 6 幅方星图组成，第一张和第六张星图的范围分别从赤道两极至北纬和南纬45°，中间 4 幅则分别以春分、夏至、秋分和

---

① 清代把《几何原本》翻译成满文，使用的是巴蒂斯的著作。而明代徐光启翻译的《几何原本》是由克拉维斯编著的欧几里得的几何学著作。

② 全称为 *Globi coelestis in tabulas planas redacti description*。

冬至为中心。这些图都采用了球心方位投影的方式，且每幅图的左边和右边分别附有拉丁文和法文的注释文字。

巴蒂斯星图在首次出版后，又于 1690 年发行了第二版[①]。该版增加了一些新的内容，包括自 1674 年以来新测彗星的轨迹，以及调整了部分南极附近的星座[②]，如增补了纪念英国查理二世国王（Charles II，1630～1685 年）的"查尔斯橡树座"[③]。1700 年前后，该图又出版了第三版。

与当时西方大多数的星图和天球图不同，巴蒂斯采用了以地球为中心的球心投影（Gnomonic projection）。这种投影方法，常被用于制作日晷，因此亦称日晷投影。球心投影是方位投影法之一，以球心为投射中心，把球面上的各点投射到相应的切面上。使用这种投影的星图，将宇宙想象成一个六面体而不是球体（图 6-39）。星图上所呈现的，则是人从地球仰视天空的视角，这与西方星图中更普遍使用俯视的"上帝视角"不同。不过，这样的视角却更符合中国星图的习惯[④]，如戴进贤的《黄道总星图》就曾将其所依据的布鲁纳奇星图的俯视视角调整为符合中国传统的仰视视角。

《仪象考成》星图

乾隆九年（1744 年），戴进贤上书乾隆皇帝，认为由于岁差的因素，此前的《灵台仪象志》中的星表与恒星的运行已经不相符。此外，黄赤

---

① 目前，该星图的 1674 年初版比较少见，仅美国林达荷尔科学、工程和技术图书馆（The Linda Hall Library of Science, Engineering and Technology）等少数机构有藏本，此后的第二版和第三版则较为常见。
② 据巴蒂斯星图第二版 *AVIS AU LECTEUR*（读者注意事项）。
③ 查理二世流亡的传奇故事，曾被英国人民广为传颂。其中，最有名的就是他于 1651 年为了躲避克伦威尔的搜捕，藏于一棵橡树上，并受到当地居民接济援助，他复辟后便封此树为"皇家橡树"。1679 年，天文学家埃德蒙多·哈雷将发现的一个南极星座称为"查尔斯橡树座"，以此作为纪念。
④ 另外，巴蒂斯星图采用虚线标记黄道坐标体系，但其主要采用的依然是图上实线标记的赤道坐标，这也符合与中国传统星图以赤道坐标为主的习惯。

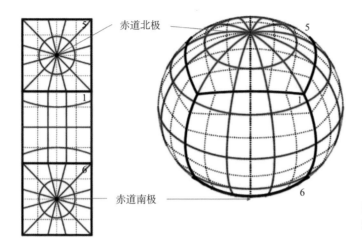

赤道北极

赤道南极

图6-39 球心投影示意图

交角数值为 23°32′，而当时新测结果为 23°29′，这些都对恒星的经纬度数是否精确造成影响，因此他请求重新修订该书。经乾隆皇帝批准后，开始由和硕庄亲王允禄主持负责，制造新的天文仪器以进行天象观测。

1746 年，戴进贤过世后，另一位传教士刘松龄继任戴进贤的钦天监监正职位。刘松龄管理钦天监期间，留有大量的观测记录，并采用了一些欧洲的新式仪器，如测微器等，大大提高了观测精度。1752 年，新测恒星经纬度表测量完成，1753 年成书，被命名为《仪象考成》。

《仪象考成》共三十二卷，包括奏议、卷首（即《玑衡抚辰仪说》），《恒星总纪》一卷，《恒星黄道经纬度表》十二卷，《恒星赤道经纬度表》十二卷，《月五星相距恒星黄赤经纬度表》一卷，《天汉经纬度表》四卷。书中还有星图 3 幅，包括"恒星全图""赤道北恒星图"和"赤道南恒星图"（图 6-40 至图 6-42），绘有传统星座 277 官、1319 星，另有增星1614 星，以及南天极附近 23 官、150 星，共计 300 官、3083 星。

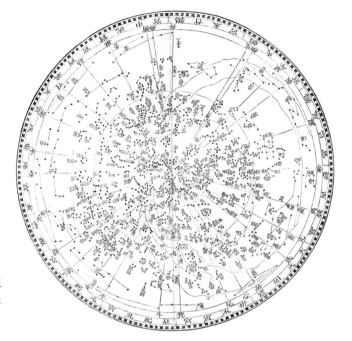

恒星全圖

图 6-40 《仪象考成》"恒星全图"

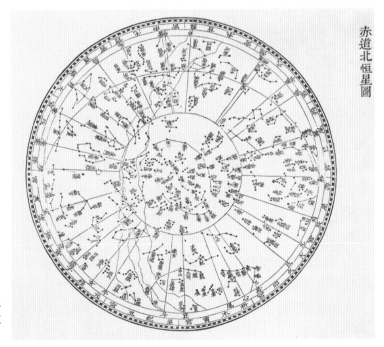

赤道北恒星圖

图 6-41 《仪象考成》"赤道北恒星图"

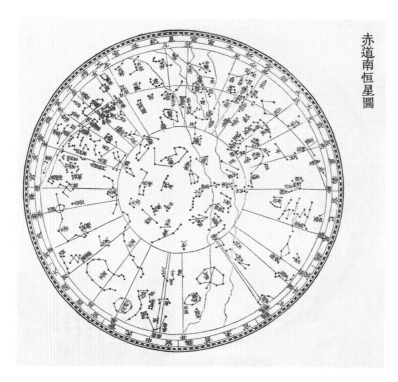

赤道南恒星圖

图 6-42 《仪象考成》"赤道南恒星图"

《仪象考成续编》星图

道光十八年（1838 年），管理钦天监事务的工部尚书敬征（1784～1851 年）认为日月交食的推算与观测渐有不合，而且采用的黄赤大距（黄赤交角）与新测值 23°27′ 亦有偏差，建议重修历数。

道光二十二年（1842 年），经道光皇帝批准，以敬征为总裁，钦天监监正周余庆、左监副高煜为副总裁，开始新一轮的天文观测。经过两年多的努力，完成了《仪象考成续编》三十二卷，包括有《经星汇考》一卷、《恒星总纪》一卷、《星图步天歌》一卷、《恒星黄道经纬度表》十二卷、《恒星赤道经纬度表》十二卷、《月五星相距恒星黄赤经纬度表》一卷、《天汉黄道经纬度表》两卷和《天汉赤道经纬度表》两卷。

《仪象考成续编》在《仪象考成》300 官、3083 星的基础上，新增163 星，并删除"考测未见者"7 星，分别为"天狗正座一星，司禄外增二星，五诸侯外增二星，天相外增一星，天钱外增一星"，最后又保留了天狗正星，定为300官、3240星[①]，所测星的赤道经纬度与黄道经纬度皆以道光二十四年甲辰（1844年）为历元。

《仪象考成续编》有"赤道北恒星总图""赤道南恒星总图""恒星全图"和"天汉全图"，共4幅星图（图6-43和图6-44）。另在《星图步天歌》卷中，还收有三垣二十八宿分图31幅（图6-45）。由于从道光六年（1826年）开始，传教士不再参与钦天监事务，所以这次恒星观测，完全是由中国官员独立完成的，而这也是中国古代官方最后一次通过实测完成的恒星星图和星表，其中所用的星名日后便成了我们现今通用的中国星名[②]。

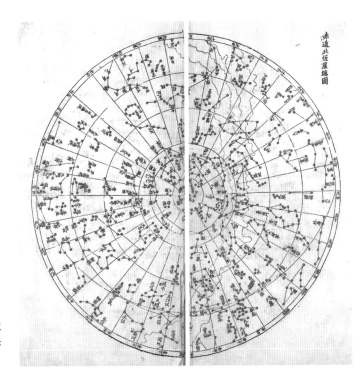

图6-43 《仪象考成续编》"赤道北恒星总图"

---

① 天狗正星属于有名无星，星图中未予绘入。最后保留测而未见的天狗正星1颗，改定为300官、3240星，图上将天狗正星画成一小圈作为标志。

② 伊世同，《中西对照恒星图表》，科学出版社，1981年。

图 6-44 《仪象考成续编》"赤道南恒星总图"

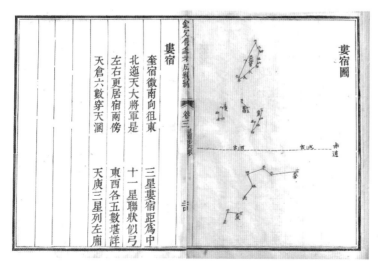

图 6-45 《仪象考成续编》中《星图步天歌》卷的娄宿图

《钦定大清会典》星图

《大清会典》是清代记述朝廷典章制度的官书，先后共修纂五次。其中康熙、雍正和乾隆三朝所修《大清会典》收有典则与事例两部分，嘉庆和光绪两朝续修时，增加有图本，名为《钦定大清会典图》（图 6-46）。

《大清会典图》中收有钦天监绘制的天文图，其中嘉庆朝《钦定大清会典图》成于嘉庆十六年（1811 年），书中星图以清嘉庆元年（1796 年）为历元，有黄道和赤道星图两套，按十二次绘制的皋鼓图 12 幅、近南北极图两幅，共 14 幅。

光绪朝《钦定大清会典图》成于光绪二十五年（1899 年），星图中的各星以《仪象考成续编》为基础，经纬度数则改成以光绪元年（1875 年）为历元，包括黄赤道界星图、二十八宿黄道宿钤图、二十八宿赤道宿钤图、赤道南北天汉界星图（两幅），共 5 幅；黄道近南北极四十度恒星图、黄道十二宫南北五十度恒星图，共 14 幅（图 6-47 和图 6-48）。另有"赤道北恒星总图"和"赤道南恒星总图"两幅，为大幅挂轴，经纬度以光绪十三年（1887 年）为依据，共绘星 3240 颗（图 6-49 和 图 6-50）。这两幅图的左右两端为一篇说明文，介绍有全天恒星纪数、各座星数的古今变动，以及清代三次天文实测星数增减等，它是中国古代最后一幅官方绘制的全天星图。

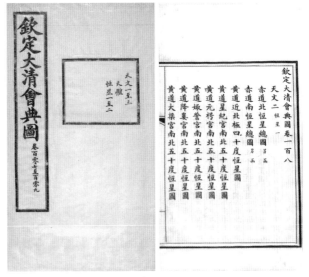

图 6-46　《钦定大清会典图》

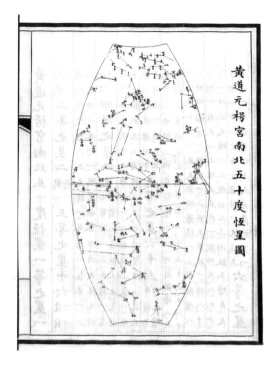

图6-47 光绪朝《钦定大清会典图》"黄道元（玄）枵宫南北五十度恒星图"

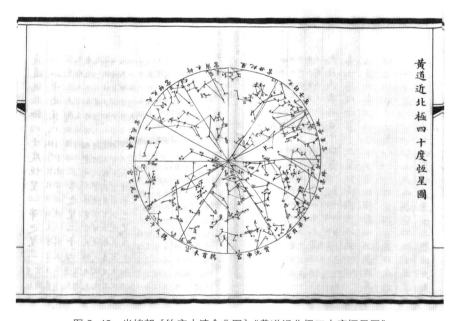

图6-48 光绪朝《钦定大清会典图》"黄道近北极四十度恒星图"

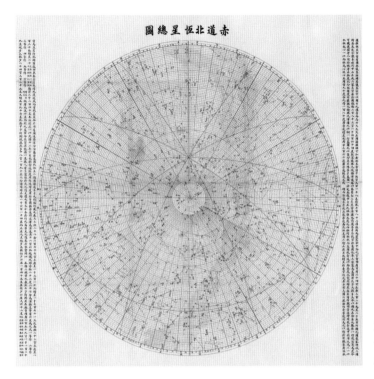

图 6-49　光绪朝《钦定大清会典图》"赤道北恒星总图"

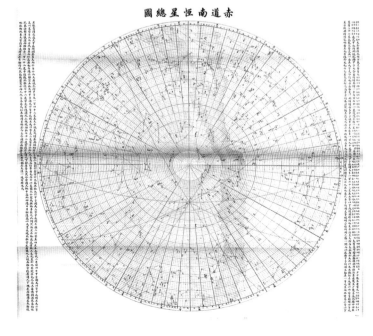

图 6-50　光绪朝《钦定大清会典图》"赤道南恒星总图"

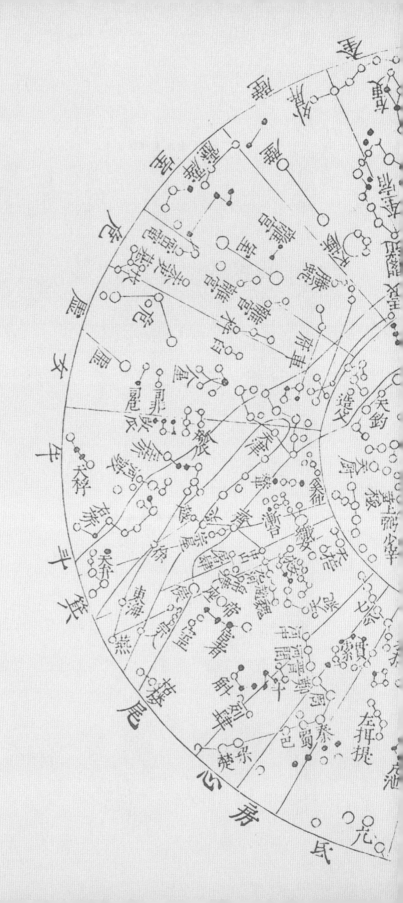

第七章

实用星图

古代中国有不少具有很强实用性的星图，如用于航海的"过洋牵星图"、用于测算太阳视位置和夜间时刻测算的"中星图"，以及大量存于星占和术数著作中的占验星图等。与其他星图有所不同，这些实用星图在某些特殊领域有着一定的用途。

航海星图

在古代航海中，星象的指认常被用于定向和导航。中国古代的航海事业曾一度相当发达，古人在很久以前就积累了丰富的航海天文知识，但由于各种原因，与航海天文相关的典籍及星图保存至今的十分有限。其中，有代表性的包括《郑和航海图》《顺风相送》和《指南正法》，这些文献中就分别介绍有"牵星术"和"观星法"两种常用的天文引航方法。

《郑和航海图》星图

《郑和航海图》载于明代茅元仪所著兵书《武备志》卷二百四十，图中记载了郑和航队的宝船从长江口出海至南亚和东非诸国的航海线路、指南针方位及航程等信息。其中，在从斯里兰卡往西的印度洋航线上，还记载有天文观测和不同地点的牵星数据等内容。

《郑和航海图》末尾所绘的 4 幅"过洋牵星图"，分别给出苏门答腊、锡兰山（古国名，今斯里兰卡）、忽鲁谟斯（今波斯湾地区）、沙姑马山和丁得把昔等五个地点不同星宿的地平高度值（通过观测恒星的地平高度，就可以推算出该地的地理纬度），依此就能判断船舶是否处于与这五个地方纬度相同的位置。

具体定位采用了一种叫做"牵星术"的方法，需要通过一种名为"牵星板"的工具来测量恒星的地平高度。牵星板最初源自阿拉伯地区，阿拉伯人曾利用特定尺寸的木板和打有绳结的牵绳来测量恒星距离海平面的高度，相当于现在的六分仪[①]。这种工具经过演变，就形成了牵星

[①] 六分仪是用来测量远方两个目标之间夹角的光学仪器。通常用它测量某一时刻太阳或其他天体与海平线或地平线的夹角，以便迅速得知海船或飞机所在位置的经纬度。

板，由绳子穿过不同尺寸的正方形木板组成（通常有 12 块，木板尺寸大小以"指"作为计量单位）。观测者手臂向前伸直，一手持板，另一手握住绳头置于眼前，板的上边缘对准天体，下边缘和水平线取平，依据所用之板大小（属于几指尺寸），就可以得出恒星的高度数据[①]（图 7-1）。

图 7-1　阿拉伯人使用"牵星术"示意图

《郑和航海图》中的"过洋牵星图"均为长方形，上北下南，左西右东，每幅图中间绘有郑和宝船，四周绘有星官若干，各星之间有联线连接，每个星官附近还注有文字。如当船行至沙姑马山时，记载有"北辰星十一指平水"，也就是说，这时可以使用十一指的牵星板刚好观测到北辰星。其中的北辰星就是勾陈一，即北极星，它是"过洋牵星图"中最常用的星，因为它的观测可以不受时节和时辰限制，而其他星宿地平高度则与不同的时节和时辰有关。除了北辰星，"过洋牵星图"中还有织女星、布司星、水平星、华盖星、灯笼骨星等（图 7-2）。值得指出的是，这些星当中的很多名称只是民间叫法，如华盖星、布司星、灯笼骨星，说明这些方法是在民间航海经验的基础上整理而成的[②]。

《顺风相送》和《指南正法》

　　《顺风相送》是一部约成书于明朝中后期的航海手册，据说是郑和

---

① 吴守贤、全和钧，《中国古代天体测量学及天文仪器》，"航海天文仪器"。
② 薄树人，"中国古星图概要"，载陈美东主编《中国古星图》。

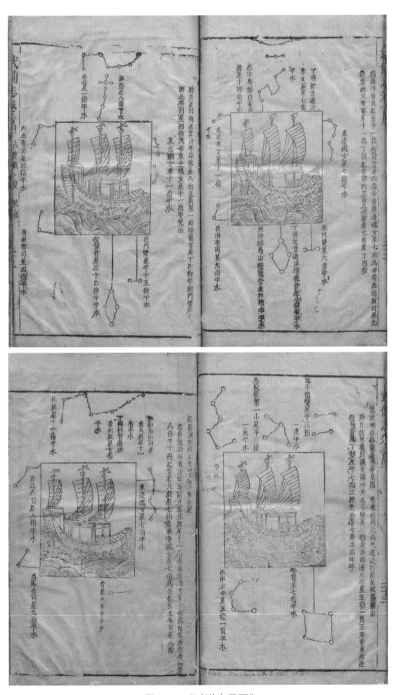

图 7-2　"过洋牵星图"

下西洋时的水师所著，后来被航海商旅广泛抄录使用。《指南正法》则是清初《兵钤》一书中所附一篇，大约成书于清康熙末年，同样也是属于"针经"之类的古代导航手册。

"牵星术"可以确定船舶的纬度，至于经向的定位，则只能依据指南针位和航程来估算。当然除了指南针，通过观测恒星出没的方位，也可以用以确定方向。例如，《顺风相送》所载，"观星法"就记有"北斗出在丑癸，入在壬亥；华盖出在癸，入在壬；灯笼骨出在巳丙，入在丁未"（图7-3）[①]，就是用来判断夜间的方位，以校正船舶航向，其中的"丑癸""壬亥"等就是具体方向，属于古人采用四卦、八干、十二支组成地罗经的二十四个方位（图7-4）。对此，《指南正法》"观星法"中也有类似记载，如"北斗中星居处不动，出癸丑、入壬亥"[②]，并且书中还绘有各星图形（图7-5）。

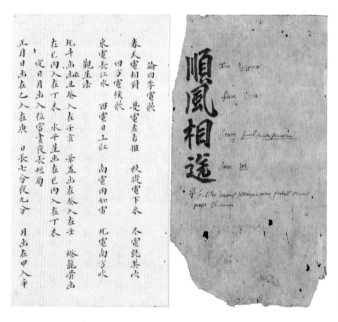

图7-3 《顺风相送》所载"观星法"

---

① 香港海事博物馆编，《针路蓝缕：牛津大学珍藏明代海图及外销瓷》，香港海事博物馆，2015年。

② 香港海事博物馆编，《针路蓝缕：牛津大学珍藏明代海图及外销瓷》，香港海事博物馆，2015年。

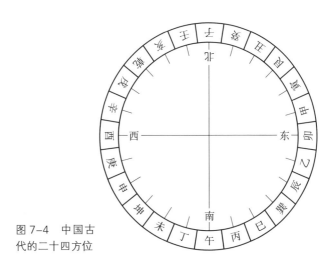

图 7-4　中国古代的二十四方位

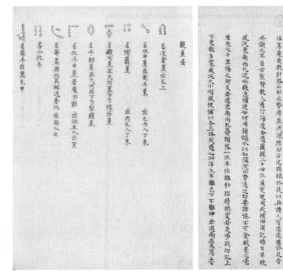

图 7-5　《指南正法》所载"观星法"

中星图

有一个成语叫作"如日中天"，常比喻事物正发展到十分兴盛的阶段。所谓的"中天"，指天体在周天视运动中经过子午线，也就是天体处于一天当中地平坐标的最高位置（图7-6）。如果使用星图的方式记录一年中不同节气和不同时刻通过中天的恒星，这就是中星图。

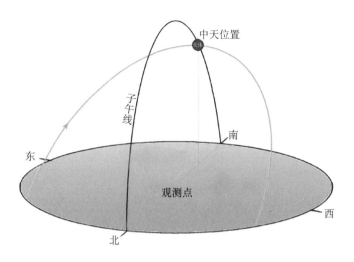

图 7-6 "中天"示意图

图 7-7 《钦定书经图说》尧帝 "命官授时图"

中国古代对中星的观测历史十分久远，据《尚书·尧典》记载，上古时期尧帝就命羲氏、和氏分别观测鸟、火、虚、昴这 4 颗星在黄昏时处于南中天的日期，以便划分季节和安排农时（图 7-7）。《夏小正》也载有夏代月令中的正月初昏、四月初昏、五月初昏、七月初昏、八月旦和十月初昏的中星。此外，先秦时期的《礼记·月令》除记载各月的政令之外，也记载有该月的昏旦中星。

最迟到了汉代，人

们开始使用二十八宿取代某个具体的恒星作为昏旦中星。如《续汉书·律历志下》所载，后汉《四分历》就列出了二十四节气和二十八宿的昏旦中星关系。后来人们把中星观测的结果绘在图上，供后人按图学习和观测，就逐渐形成了专门的中星图。

"敦煌星图"甲本其实就是一幅描绘十二月天象的星图，图中注有各月太阳所在的星宿和昏旦中星，可以说是一种早期的中星图。不过，现存最早冠以中星图名称的则是苏颂《新仪象法要》中的中星图，书中给出"春分昏中星图""春分晓中星图""夏至昏中星图""夏至晓中星图""秋分昏中星图""秋分晓中星图""冬至昏中星图""冬至晓中星图"和"四时昏晓加临中星图"共9幅，并配有《礼记·月令》中有关中星的记载（图7-8）。但这些星图中并没有绘出具体星象，而是以文字的形式在代表赤道的周天圆圈上加以标注。

中星的观测和中星图有着很高的实用价值，因此也一直受到重视。清代著作《中星图略·弁言》就记载"观象之学，首重中星。中星者，谓在天上正南方也"①。观测昏、旦、夜半时刻中星的目的之一，是测算太阳视位置（即"躔度所在"），也就是西汉落下闳（前156年～前87

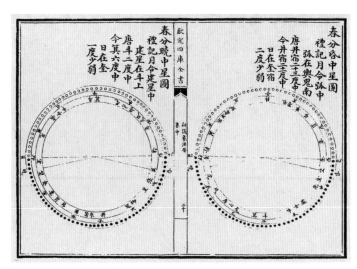

图7-8 《新仪象法要》"春分昏中星图"和"春分晓中星图"

---

① 《中星图略·弁言》，载《利济学堂报汇编》，1898年2月5日。

年）所言的"候昏明中星，步日所在"①。人们知道了太阳的视位置，就能确定冬至点位置，由于它是中国古代天文计算的起点，由此也就可以确定全年的节气。但由于白天太阳光太强，无法直接判断太阳处于哪个恒星的位置，这也是为何中星通常都是在晨昏时刻进行观测。

此外，通过中星还可以求时刻，也可以通过时刻推求中星，而对于初学者而言，中星观测也是识星和验时的有效方法，尤其是在夜间，古人通过恒星的位置来确定时间就是中星定时的重要功能。到了明清时期，除了传统的中星图，也出现有以表格和图谱形式记录过中天恒星的中星表和中星谱，其功能与中星图相似（图7-9）。

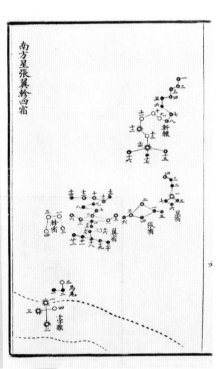

图7-9 余煌②《中星表》

---

① 阮元，《畴人传》，卷第十五。
② 余煌为清乾隆至道光年间人，精天文历算。

明代《天文节候躔次全图》

以星图形式反映二十四节气的中星图，最具代表性的是藏于中国科学院自然科学史研究所的明代《天文节候躔次全图》。该图共有25幅，宣纸楷书、连折裱褙，首页上绘有一幅北天分野星图，并标注有十二辰、十二次和分野信息，但没有绘出黄道、赤道和二十八宿经线（图7-10）。

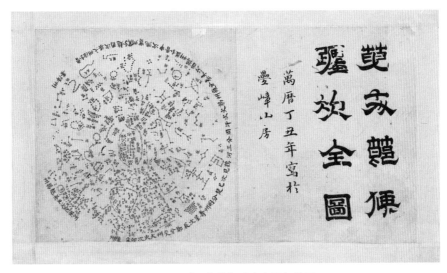

图7-10 《天文节候躔次全图》首页

（中国科学院自然科学史研究所藏）

　　该书的内页有24幅中星图，对应二十四节气。各图呈扇形，扇形面内又分为5个小的扇形，每个小扇形分别对应该节气夜间"五更"时刻依次所见的中星（图7-11）。每幅图左边标有昼夜刻数，其时刻制度与《明史·历志》记载相符；右边标有日出、日入时刻；另外，图的左侧还附有以节气名起韵的歌诀[①]。

---

① 景冰、段异冰，《天文节候躔次全图》中的歌诀初探；孙小淳，《天文节候躔次全图》中的星官的证认，载陈美东主编《中国古星图》。

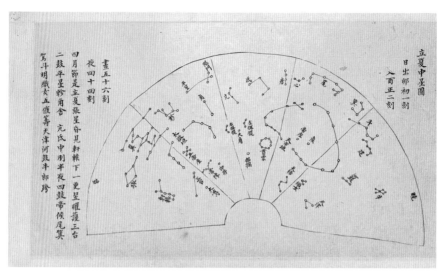

图 7-11　《天文节候躔次全图》"立夏中星图"

到了清代，出现了很多类似《天文节候躔次全图》的中星图著作。例如，道光年间张作楠撰《新测中星图表》、光绪五年（1879年）江蕙所作的《心香阁考定二十四节气中星图》等。

张作楠《新测中星图表》

张作楠（1772～1850年）是嘉庆十三年（1808年）进士，曾在徐州等地为官，后辞职回乡，潜心研究天文，著有《新测恒星图表》《新测中星图表》《新测更漏中星表》《金华晷影中星表》等。其《新测中星图表》绘有一幅四十五星的星图（图7-12），内容承袭自清初胡亶（生卒年不详，顺治六年进士）的《中星谱》，但《新测中星图表》完全按《仪象考成》的恒星表，并经过岁差修正后点定而成，具有较高的精确性，在当时有较大影响。1912年，商务印书馆编印《新字典》中的星图即以此为依据，其中记载有"星名但载二十八宿，其所列中星，皆依张作楠之《中星表》推算递加，其与民国纪元之中星不差分秒"[1]。

---

① 商务印书馆编，《新字典》，"凡例"，1912年。

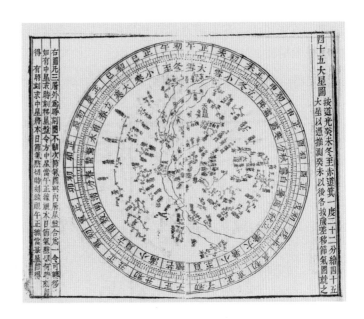

图 7-12 《新测中星图表》中的"四十五大星图"

江蕙《心香阁考定二十四节气中星图》

江蕙出生于 1839 年，是中国古代少有的女性天文学家。她的父亲名叫江海平，是一个学识渊博的人，对天文学也有浓厚兴趣，这也影响了他的女儿江蕙。1855 年，江蕙 15 岁时，曾买到一册《中星图考》手抄本，她对这本书进行了仔细地学习和深入研究，发现其内容与实际天象有很多不符之处，于是以此为基础重新绘制《中星图》①。次年，江蕙完成该书，并撰写了"跋"附于书后，但没有公开出版。一直到 1880 年，在友人的鼓励下，她才将该书刊刻出版，命名为《心香阁考定二十四节气中星图》。该书包括星图 26 幅，第一幅为"紫微垣图"（实际包括天区范围更大，是一幅赤道北星图，图 7-13）；最后一幅为"月行九道图"，是关于早期传统月行理论的假说图；其余 24 幅星图是与《天文节候躔次全图》类似的扇形中星图，并配有"中星歌"（图 7-14）。江蕙的中星图

① 宋神秘、钮卫星，江蕙《二十四气中星图》及其天文活动《自然科学史研究》，2013 年第 1 期：36-47 页。

延续了传统画法，并不讲究投影和坐标点定是否准确，所以不及张作楠的中星图精确。

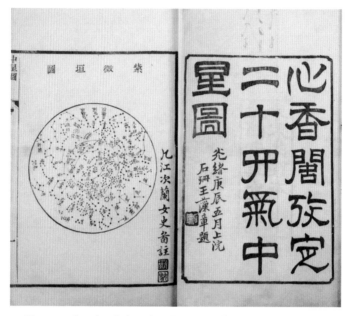

图 7-13 《心香阁考定二十四节气中星图》封面及"紫微垣图"

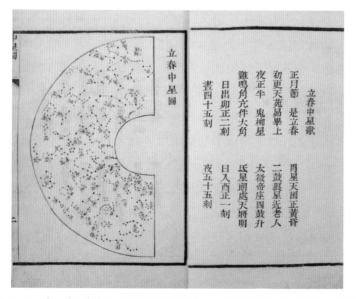

图 7-14 《心香阁考定二十四节气中星图》"立春中星歌"和"立春中星图"

占验星图

星图是天文占验中的重要工具，中国古代的许多星占和术数类书籍中常配有星图，其中有代表性的包括《观象玩占》《天象玄机》《灵台秘苑》《天文大成管窥辑要》《三才发秘》《天文正义》和《天文象占》等。这些著作中，有些已经在民间被广为传抄，被民众所熟悉，有些则秘藏于钦天监等官方机构，甚至有些还成为皇家占验的钦定著作。

《观象玩占》

《观象玩占》是一部明代星占著作，共五十卷，也是明代天文星占书籍中篇幅较大的一部，内容包括日月五星二十八宿并杂星之占、阴晴风雨雹露霜雾之占、山川城郭营垒之占等，并引用大量史实资料。其作者不详，常托李淳风之名，《明史·艺文志》认为此书或为明初诚意伯刘基（1311～1375 年）所辑。该书收有《步天歌》星象，附有大量星占占辞及术数内容，曾是清代钦天监用来占卜天象的主要依据（图 7-15）。此外，该书在民间传抄流传也颇广，如蒲松龄（1640～1715 年）就曾抄录该书，记载有"其卷册浩繁，不能缮写，且天文星宿，多所不解；仅取其人人共知，如日月北斗，风云雷雨之属，录为三卷，聊以备旱涝之秋，为瞻云望岁之助云尔"[①]。

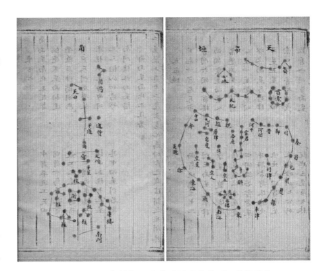

图 7-15　《观象玩占》"天市垣"和"角宿"
（明蓝格彩绘抄本）

---

① 《观象玩占》，蒲松龄辑录本。

《天象玄机》

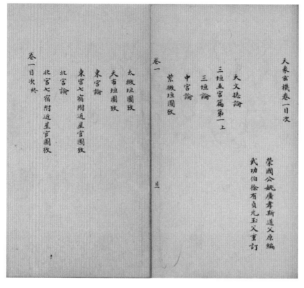

图 7-16 《天象玄机》目录

《天象玄机》是一部观象识星和用于天文星占的著作，全书共八卷，其明抄本署名"荣国公姚广孝斯道父原编，武功伯徐有贞元玉父重订"（图 7-16）。姚广孝（1335～1418 年）是明朝政治家、佛学家、文学家，也是明成祖朱棣的主要谋士、靖难之役的主要策划者、协助朱棣登基称帝的功臣，卒后追谥荣国公。他 14 岁为僧，且精通阴阳术数之学。徐有贞（1407～1472 年）是明英宗时期首辅，对天文、地理、兵法、水利、阴阳五行等学问皆有研究。

《天象玄机》全书内容丰富，文字简明，而且为上图下文形式，详述三垣二十八宿全天星象，以及相关星占辞和占例，并且列有本宿附近星官的座数、星数和位置等信息，比之其他著作更为详细（图 7-17）。例如，"参宿"部分记载有"参宿，七星，九度，为斩艾，在氼为水，在肖为猿，会次在申，为实沈，其分野属魏，为益州，附近星官凡六座，共十八星"[1]（图 7-18）。此外，书中还录有《步天歌》歌辞，以及述有各星属性和天文占候之占文。

《灵台秘苑》

《灵台秘苑》原为北周庚季才（515～603 年）撰，后经北宋的司天

---

[1] 姚广孝，《天象玄机》，中国台湾"中央图书馆"藏。

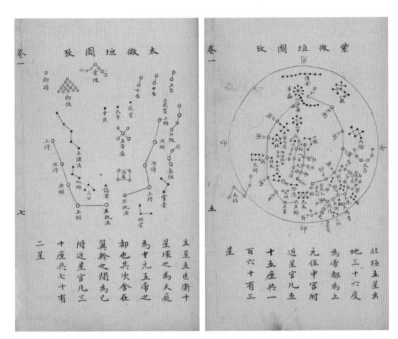

图 7-17 《天象玄机》"紫微垣图考"和"太微垣图考"

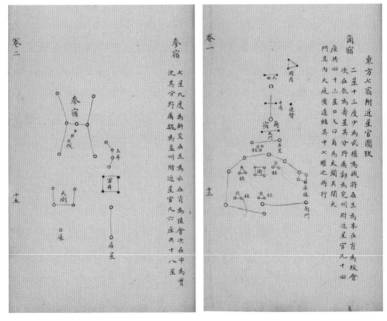

图 7-18 《天象玄机》"角宿"和"参宿"

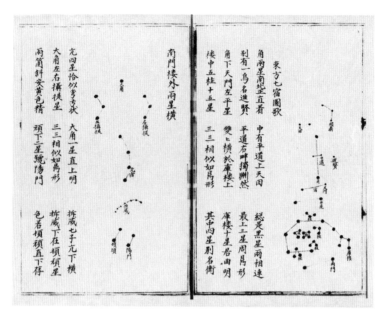

图 7-19　明抄本《灵台秘苑》"角宿" 和 "亢宿"

监丞于大吉、司天中官丁洵、轻车都尉欧阳发、翰林学士王安礼等人重修。《隋书·经籍志》记载为一百二十卷，现存仅十五卷。其卷一包含了"三垣二十八宿并杂座步天歌图"，以图文形式，分别叙述三垣二十八宿各星位置（图7-19）。"步天歌"之后又列出"占例"，为星占的基本要领，是对隋以前众多占星著作的整理和概括。本书的另一价值在于北宋重修时，加入了皇祐年间（1049～1054 年）的很多天文测验数据，是探究北宋恒星观测的重要文献①。

《管窥辑要》

《管窥辑要》全名《天文大成管窥辑要》，为黄鼎所撰。黄鼎字玉耳，明末以诸生从军，入清后官至提督。全书共八十卷，刊于清顺治十年（1653 年），专搜历代天文诸书，摘其主要内容，并分门编类。该书内容以灾异和星占为主，绘有恒星图，介绍有关日月五星，三垣列宿各种星象及其占辞（图7-20 和图7-21）。此外，书中还有多幅异星图，详细总

① 潘鼐，《中国恒星观测史》，"宋代恒星观测及恒星图表"。

紫微宫总论

北极五星谓天枢后宫庶子帝太子也抱北极四
星曰四辅伤六星勾陈也勾陈口中一星天皇也
天皇上六星曰六甲上十六星曰华盖九为盖
七为杠华盖上九星曰传舍前六星曰天厨道也勾陈
口下五星曰五帝内座前五星曰天柱御女四星
在勾陈之东北前一星曰尚书御女一星曰女史太
子东五星曰尚书庶大理二星在阴德
德之东南其四十五星宫之垣也东籓八星左枢

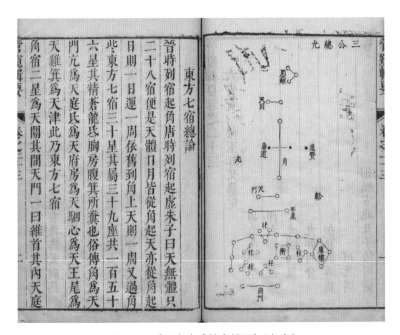

图 7-20　《天文大成管窥辑要》"紫微垣星图"

东方七宿总论

昔时列宿起角唐时列宿起虚朱子曰天无体只
二十八宿便是天体门月皆从角起天亦从角起
日则一日运一周依旧到角上天则一周又过角
此东方七宿三十星其属三十九座共一百五十
六星为天精苍龙氏胸房箕所谓也俗传角为天
门亢为天庭氐为天府房为天驷心为天王尾为
天鸡箕为天津此乃东方七宿
角宿二星为天关其间天门一日维首其内天庭

图 7-21　《天文大成管窥辑要》"角宿"

181

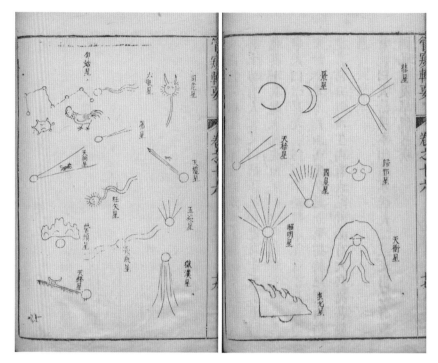

图 7-22 《天文大成管窥辑要》"异星"

结了历代所述各类异星（图 7-22）；另有天象云气图形多幅，对古代的
天文气象研究颇有价值。

《三才发秘》

《三才发秘》为清代陈雯所撰，主要介绍星卦、命理、风水等内容，
分天部两卷（天部原理、天部选择）、地部三卷（地理理气、地部形法、
地部阳宅）、人部四卷（人部禄命、人部五星、人部河洛、人部皇极），
书中绘有星宿、宅位、和命理等图，还介绍有不少天文学知识，源自
《浑盖通宪图说》等书。

书中星图包括"紫微垣璇玑图""太微垣图"和"天市垣图"，以及
二十八星宿图（图 7-23 至图 7-25），星图后还附有三垣二十八宿"步天
歌""夜定时法"和"视中星法"等内容。

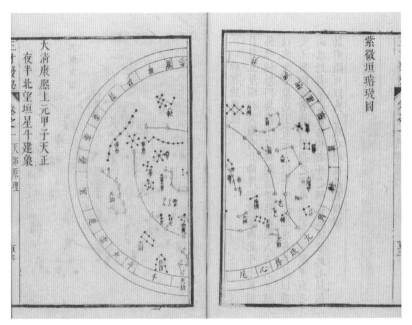

图 7-23 《三才发秘》"紫微垣璇玑图"

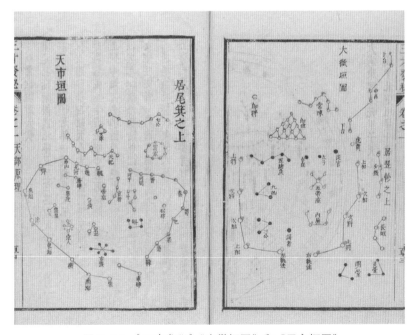

图 7-24 《三才发秘》"太微垣图"和"天市垣图"

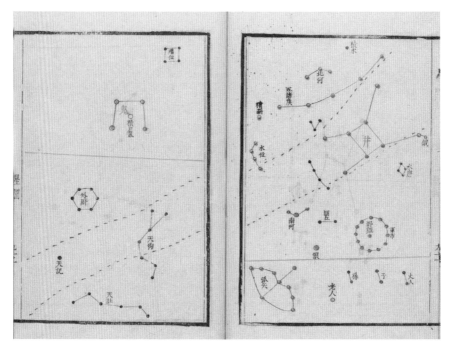

图 7-25 《三才发秘》"井宿"和"鬼宿"

《天文正义》

《天文正义》共八十卷，是奉乾隆皇帝旨令撰写而成的占验用书，但未曾刊行，只存有抄本。据记载"皇上以天文家推占旧说，率多附合，特简儒臣编纂正义，钦定成书。自天体、日月、星辰、象占、推步之道皆备，各系以图，凡八十卷"[①]。由于是"御制钦定"之书，该书在清代中后期遂成为钦天监日常占验的依据。该书包括有"天文全图"（图 7-26 ）"赤道北恒星图""赤道南恒星图"，以及"天汉全图"（即绘有银河内外各星官，图 7-27 ）。此外，卷三还收录有"步天歌"的全部内容，以及三垣二十八宿的星图（图 7-28 ）。

---

① 《天文正义》，美国国会图书馆藏。

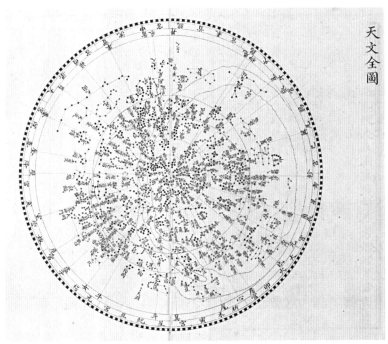

图 7-26 《天文正义》"天文全图"

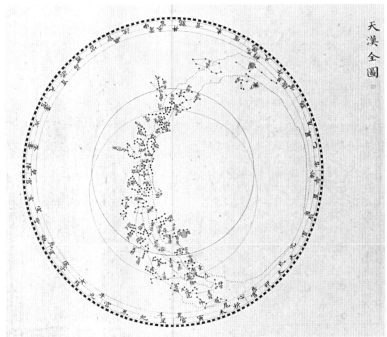

图 7-27 《天文正义》"天汉全图"

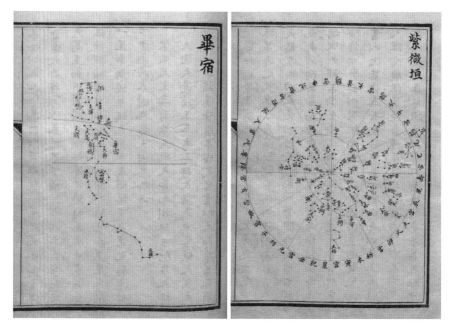

图 7-28 《天文正义》卷三 "步天歌" 所载 "紫微垣" 和 "毕宿"

《天文象占》

《天文象占》现存有金碧彩绘精写本，包括 "军中候气占" 和 "云气出入占" 两部分内容，各有 47 项占文。书中认为 "凡用兵制敌，必占其气，以为进退何也"，若能 "察其为何形，辨其为何色，吉则进、凶则退，料于心，备于外，则兵可百战百胜，自无败北之祸矣"[①]。书中 "云气出入占" 部分，介绍了云气入三垣中一百二十二座之星的不同占辞，并皆绘有星图，其占辞的占文则源自包括《天文录》《天文总占》《荆州占》《乐纬执图微》等书。书中将云气分为 5 种，共 12 种变化，可依据云气的颜色、形状及所处星对应分野位置进行占验，通常认为黄色、黄白为吉色，青色、赤色、白色、黑色、紫色为凶色（图 7-29 和图 7-30）。

---

① 《御制天文象占》，中国台湾 "中央图书馆" 藏。

图 7-29　《天文象占》"云气入紫微宫"

雲氣入紫微宮

天文總占曰
雲氣狀如鷄雛出紫微宮中此于孫之氣也天子有于孫之喜
黃白雲氣入紫微宮連極星官中御女星上天子有男子喜狀
如帝生女子喜
氣潤澤狀如刀劍入紫微宮中有進美女者幸臣為之一曰天子有
侯王一曰天子得璧王喜一曰有進美女入紫微宮
黃白雲氣如旗有光起紫微宮上天子有
辛臣進美女食
大喜延年益壽
黃白雲氣狀如顆走獸飛鳥或如龍鳳出入
紫微宮天子有喜
諸侯王者自外入之則有貢奇獸者赤黃雲氣入紫微
宮有立王者
赤黃雲氣出紫微宮東西落天子用錢賜侯

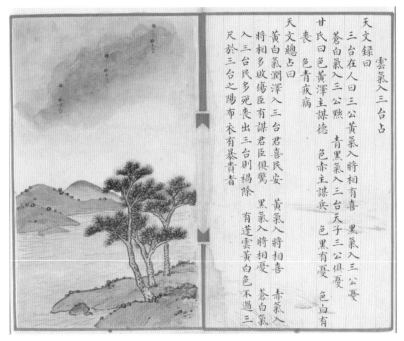

雲氣入三台占

天文錄曰
三台在人曰三公黃氣入將相有喜　黑氣入三公憂
蒼白氣入三公默　青黑氣入三台天子三公俱憂
廿氏曰色黃澤主謀德　色赤主謀兵　色黑有憂
　色白有
喪　色青疾病
天文總占曰
黃白氣潤澤入三台君喜民安　黃氣入將相喜　赤氣入
將相多歐傷曰有謀君臣俱驚　黑氣入將相憂　蒼白氣
入三台民多死喪出三台則禍除　有蓮雲黃白色不過三
尺於三台之陽布衣有暴貴者

图 7-30　《天文象占》"云气入三台占"

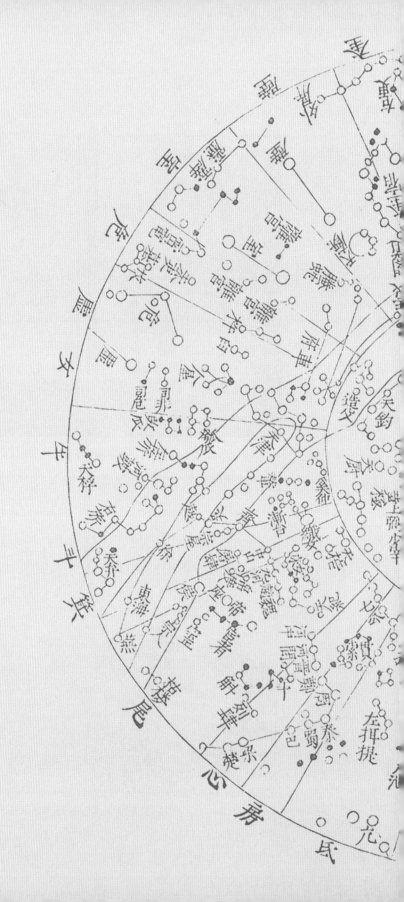

第八章

地理著作星图

　　古人相信天上与人间万物是相互对应的，可以通过观测天象来占卜人间的吉凶祸福，这是"天人感应"学说的产物。"天垂象，见吉凶"的思想使得古人将天上的星宿分别匹配于地上的不同区域，或者根据地上的区域来划分天上的星宿，天上和地上互为对应，逐步形成完善的"分野"学说。

　　"分野"在中国古代流传甚广，影响深远，其理论也纷繁复杂，反映了古代天、地、人"三才"的思想观念。因此，在古代地理著作或文献中，其卷首有时绘有天文图，以此象天法地、界分山河，突显天地的关系。

　　古代分野星图的天区通常用三垣二十八宿及十二次对应天下列国、州郡，如《诗经图谱慧解》中绘有"十五国星次纪候图"（图 8-1），这里所谓的十五国则是《诗经》"十五国风"中的列国。此后，虽然分野的区域范围不断变化，古星图中二十八宿与列国、州郡的对应关系依然得以保留。

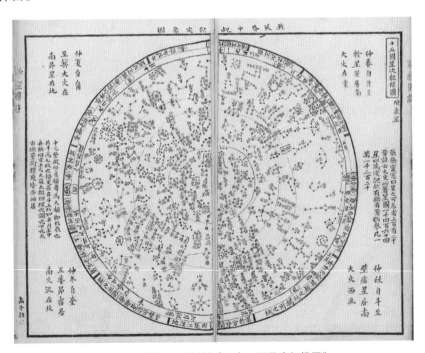

图 8-1　《诗经图谱慧解》"十五国星次纪候图"

到了明代，星图不再仅以三垣二十八宿划分区域，在一些地理类著作和文献中出现了新的划分方法，即把天上分成 15 或 18 个分区，各区之间以蜿蜒的双线隔开，双线交汇处不交叉重叠，而是相互连通，如同地图中作为界线的河流一般。这类星图，有的则冠以"昊天"之名，语出《尚书·尧典》"乃命羲和，钦若昊天，历象日月星辰"，如《历代地理指掌图》的"昊天成象图"和《图书编》的"昊天垂象图"等。

这种新的天区划分在明代有两种方式。第一种以提到的"昊天成象图"和"昊天垂象图"为代表，划分为 18 个区，这里我们称其"十八分区"分野星图。18 个区域包括中央的紫微垣和四周的 17 个分区，分别为（太微垣）（天市垣）（角、亢）（氐）（房、心、尾、箕）（斗）（牛、女）（虚、危）（室、壁）（奎）（娄、胃）（昴）（毕、觜、参）（井）（鬼、柳、星、张、翼、轸）（轩辕）（阁道）[1]。

另一种以《分野舆图》《广舆图》和《遐览指掌》等书中所绘的星图为代表，划分为 15 个区，我们称其"十五分区"分野星图。15 个区域包括中央的紫微垣和四周的 14 个分区，分别为（太微垣）（天市垣）（角、亢）（氐、房、心）（尾、箕）（斗、牛）（女、虚、危）（室、壁）（奎、娄）（胃、昴、毕）（觜、参）（井、鬼）（柳、星、张）（翼、轸）。

除了与传统的三垣二十八宿的区域划分不同，这种新的天区划分，使一些星宿名称也有个别调整。例如，将太微垣"上将""次将""上相"等星，替代为"阳门""阴门""华门"等名字。

另外，"十八分区"分野星图中，有的还在传统星官的基础上，增加了若干新星官，如天市垣和心宿之间绘有天淮三星，虚危区中"垒壁阵"（垒壁阵为古星名，共十二星，属于二十八宿的室宿）附近绘有天海十星[2]。不过，无论是"十五分区"，还是"十八分区"，都是明末天区和分野划分的一种新方式，其基本形式相同，或许都是源自星占家之手，只是逐渐发展成不同的流派。

---

① 陈美东，"扇面星图与《昊天成象图》"，载陈美东主编《中国古星图》。
② 陈美东，"扇面星图与《昊天成象图》"，载陈美东主编《中国古星图》。

《昊天垂象图》

　　《昊天垂象图》为《图书编》中的一幅全天星图，其作者为明代章潢（1527～1608 年）。该星图的恒显圈以单线绘于图中央，范围囊括整个紫微垣。恒显圈之外的天区分为 17 个部分，属于"十八分区"分野星图。不过与《历代地理指掌图》中的《昊天成象图》（虚、危区和室、壁区）被垒壁阵的星官连线完全割开不同，该图这两个区域间并未完全分隔开，细节上略有不同[①]（图 8-2）。

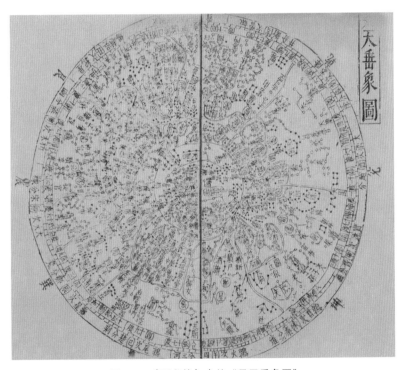

图 8-2　《图书编》中的"昊天垂象图"

　　《昊天垂象图》中的三垣、二十八宿及"轩辕""大角""河鼓""阁道"等星皆被圈以圆圈，成为各区域内具有代表性的星官。另外，值得注意的是，《昊天成象图》和《昊天垂象图》的外规上皆有如同刻度尺一般的

①　徐凤先，吴悌《昊天成象之图》与章潢《图书编》中的《昊天垂象图》，载陈美东主编《中国古星图》。

周天度数，这在明代以前的中国传统星图中是绝无仅有的，所以两者也是较早刻有周天度数的星图。

明代扇面天文图

明代扇面天文图绘于一把折扇上，折扇的一面绘有地理图，另一面即为天文星图（图 8-3）。该折扇原为荣毅仁先生收藏，1958 年捐赠于南京博物院。从地理图的行政区域划分来看，扇面绘制年代不早于 1421年。其中的星图为极坐标式的北天赤道星图，属于"十五分区"的分野星图。图中天市垣和心宿之间绘有天淮三星，大致对应现今蛇夫座 ζ 星等星；紫微垣的传舍、华盖和天厨诸星之间，还绘有赞府四星，对应现在的仙王座 β 星等星。这些都是此前传统星图中所没有的。此外，星图最外部直接标有东、西、南、北四方（上北、下南、左东、右西），这与同类星图中使用八卦方位的方法不同 [①]。

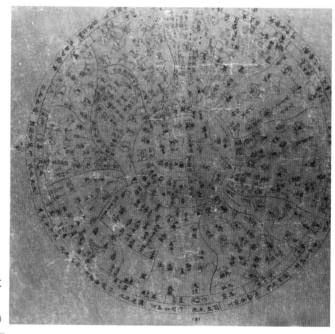

图 8-3 明代扇面天文图（南京博物院藏）

① 陈美东，扇面星图与《昊天成象图》，载陈美东主编《中国古星图》。

明代《分野舆图》天文图

　　《分野舆图》约绘于 17 世纪，一共包括 20 幅图，首幅为天文图，其后依序为明朝全国总图、北京、南京、十三省图，东北女直、东南诸夷和西北诸夷图等地理图，各图均不具图题。

　　其中，地理图部分各图只标注地名，没有文字说明，采用圆形、方形、长方形、菱形、椭圆形等符号标记明朝的疆域和两京十三省的府、州、县。此外，图中将黄河源置于星宿海一带，长城沿线关隘以寨门符号标记，山岳则以山形符号来标记（图 8-4）。这些地理位置多为示

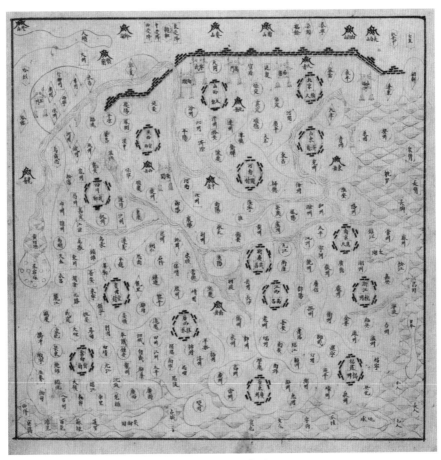

图 8-4 《分野舆图》地理图

意性,所以失真之处较多。北京顺天、山西太原、山东济南、陕西西安、河南开封、四川成都、南京应天、湖广武昌、浙江杭州、江西南昌、贵州宣慰、广西桂林、福建福州、广东广州、云南这十五个府司使用醒目的六边形符号标记,应该是为了与天文图中的三垣二十八宿的"十五分区"对应。

天文图部分绘有极坐标式的北天赤道星图,属于前文介绍的"十五分区"的分野星图,即二十八宿被分为十二分区,紫微垣、太微垣和天市垣各一分区,共将天区分为15个部分,对应地理上的十五国或全国的十五个府司(图8-5)。

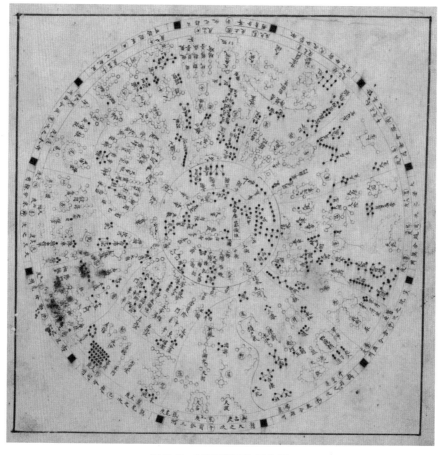

图8-5 《分野舆图》天文图

明代《广舆图》天文图

《广舆图》约成于万历二十九年（1601年），其图册"弁言"题名作
"天地图"，内容基于罗洪先（1504～1564年）的《广舆图》。文中自称
为眷弟（宗弟）方能权拜撰。其中记载"不必目量，足区于二十纸，而
尽天地之概；此纸之有限，非天地之无穷也。虽然有穷，不穷于二十纸，
而穷于秋毫也……天地无以过乎秋毫，而秋毫又无以过乎二十纸也"[①]
（图8-6）。

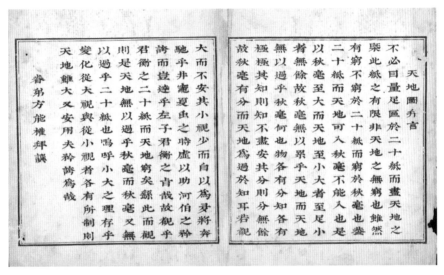

图8-6 《广舆图》"天地图弁言"

《广舆图》正文共有舆图20幅，首幅为天文图，其后依次为全国总
图、北京、河南、浙江、江西、福建、广东、广西、南京、山东、四川、
陕西、山西、湖广、云南、贵州、东北女直、东南诸夷、西北诸夷图等
地理图，大致属于明朝疆域境内两京十三省和各府州的政区划分。其中，
天文图部分与《分野舆图》相似，属于"十五分区"分野星图，但部分
星官连线和位置略有差异（图8-7）。

---

① 《广舆图》，美国国会图书馆藏。

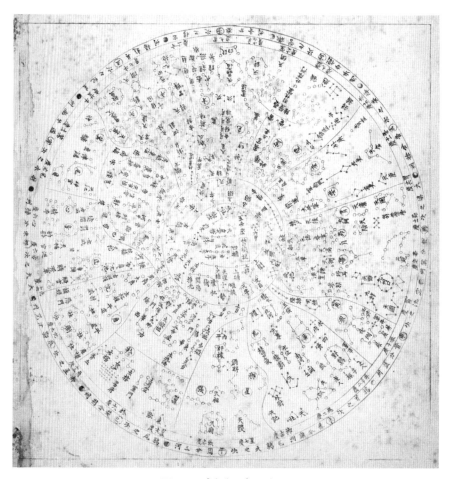

图 8-7 《广舆图》天文图

清代《遐览指掌》天文图

　　《遐览指掌》共 20 幅图，约完成于清顺治四年（1647 年），首幅为天文图，其后依次为全国总图、北京、南京和十三省图，女直都司卫所、东南诸夷国国名风俗等地理图。其内容和绘制手法与《分野舆图》大同小异。

　　与《分野舆图》相比，《遐览指掌》地理图（图 8-8）的陆地部分除了西南地区，其他基本相同，不同之处主要在于广西、云南和贵州，如

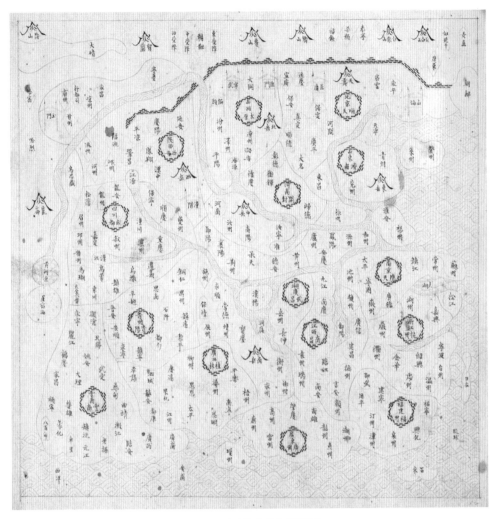

图 8-8 《逭览指掌》地理图

"贵州宣慰"改为"贵州贵阳"。而海洋部分,《逭览指掌》绘制的岛屿明
显比《分野舆图》要少,但也增加了"吕宋"等岛(今菲律宾);天文
图部分,一些星官的位置和联系与《分野舆图》略有变动(图 8-9),如
左下方,"青丘"星官连线两者就有所不同,太微垣的"三公"星官的位
置亦有差异。

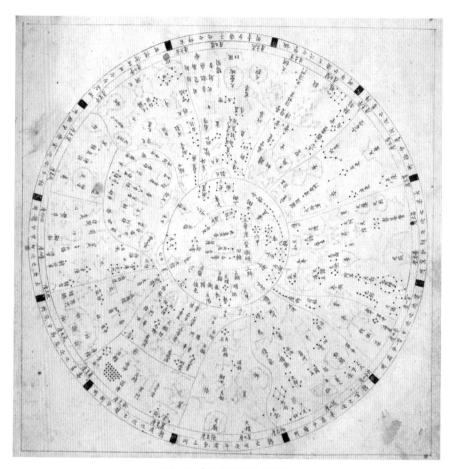

图 8-9 《遐览指掌》天文图

清代《京板天文全图》

《京板天文全图》有多种不同版本，其中一种署名为清代马俊良，大约成于乾隆年间，全图由 3 幅地图配合文字说明组成，包括《海国闻见录·四海总图》《内板山海天文全图》《舆地全图》，分别源于雍正八年（1730 年）陈伦炯（不详～1747 年）《海国闻见录》附图、利玛窦《山海舆地全图》和康熙十二年（1673 年）黄宗羲（1610～1695 年）的舆地全图。前两幅属于世界地图，第三幅属于清朝疆域图。此版本的《京板天文全图》实际并未刊印有天文图部分。

　　另一版本的《京板天文全图》保留了下方的《舆地全图》，但并无图题。两幅世界地图则替换为一幅北天赤道星图（图 8-10），星图中分别使

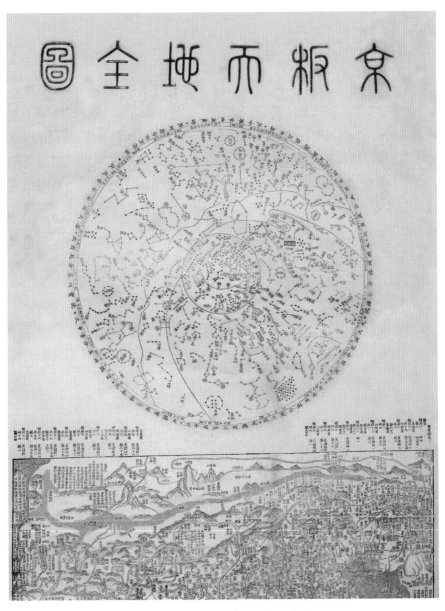

图 8-10　《京板天文全图》（局部）

用红色、绿色和黄色显示三垣、二十八宿和银河。图中银河的走向绘制的不是特别准确，且没有绘出黄道和二十八宿的分界线，重规则包括二十八宿距度、十二次和分野。

清代《三才一贯图》

《三才一贯图》为清代藏书家浙江绍兴新昌人吕抚（公元1671~1742年，字安世）所辑，成于康熙六十一年（公元1722年）岁次壬寅暮春之月。全图实际由一组图组成，包括《天地全图》《历代帝王图》《南北二极星图》《大清万年一统天下全图》《河图洛书》《日月九道之图》《伏羲八卦方位》《文王八卦方位》等（图8-11）。各图对应有说明文字，全图的最下方还有《大学衍义》全篇文字。这些图反映出中国传统思想中的天、地、人"三才"观念，以及当时刚从西方传入的天文和地理知识。其中，《天地全图》源自明代王圻（1530~1615年）的《三才图会》，《大清万年一统天下全图》源自康熙十二年（1673年）黄宗羲的疆域政区图。

《南北二极星图》位于《三才一贯图》的正中，使用朱色刊印，其内容以南怀仁绘制的《赤道南北两总星图》为基础。图右边注有文字"此浑天也，浑天不可画，故西国南怀仁于赤道断而画之。观者试将二图浑合为一，置水载地于中，以地之南北极，对天之南北极。升东杀西运转，而大地之全体见矣"[①]。由此可知，此图通过将"赤道南北两总星图"的南、北两部分分别逆时针方向旋转90°后，又将两图中的黄道首尾相接而成。

清代《大清一统天地全图》

《大清一统天地全图》绘于清代末期，全图以扇面的形式呈现，正反

---

① 《三才一贯图》，美国国会图书馆藏。

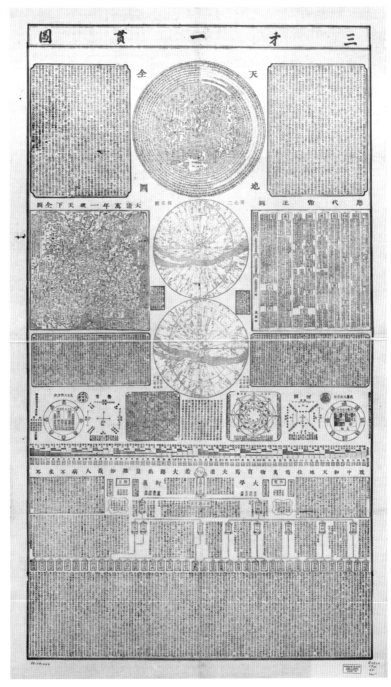

图 8-11　《三才一贯图》

两侧分别绘有地理图和天文图，并附有说明文字（图 8-12）。地理部分文字内容介绍了清代全国疆域，以及省、府、州、县的分布；天文部分则为《星象赋》上下两篇，介绍三垣二十八宿的分布，以及对应的分野知识。由于该图仅为文人雅士把玩与收藏之物，所以星图的绘制并不严谨。另外，图中并没有绘制银河，三垣和二十八宿的各自名称用朱墨书写，比较显眼。

图 8-12 《大清一统天地全图》天文图

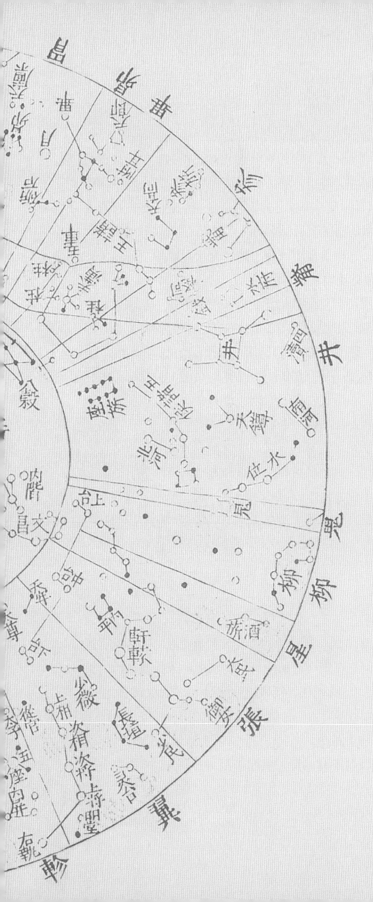

第九章

识星著作与星表

识星不仅是古代官方天文机构对天象观测者进行的基本入门训练，也是普通文人雅士追求"上知天文"的有效途径，于是一些教人认识星官和星名的作品便应运而生。例如，东汉张衡的《思玄赋》、北魏张渊的《观象赋》等文学佳作中就涉及不少星官知识，即便它们还不是严格意义上的识星专著；更为全面地描述全天星官的著作则有《玄象诗》《天文大象赋》和《步天歌》等，这些著作不同程度地对全天星官作了分门别类的划分，在古代达到了很好地教人识星的效果。

除了识星著作，古代还有对恒星位置进行测定和编排的星表，这也是历代天文学家的一项重要工作，但大多数这样的星表著作在传承过程中已经轶失。据《开元占经》记载，战国时期有石氏和甘氏《星经》，包括二十八宿和各星官的位置，是已知历史上最早的星表，但仅部分内容辑录于后世文献。此后，在唐代和宋元时期，也有多次大规模的恒星观测，但遗憾的是大部分星表也未能留传下来。

明清时期，受到西学东渐的影响，星表的内容愈加丰富，所包含的星数不断增加。星表往往同时提供恒星的赤道和黄道坐标位置，以及星等信息。此前传统星官中没有的星，也作为增星补入。不过，这些星表中已经无法完全如实地反映中国传统星象，不少星名和古代实际的星已经不再完全对应。

《玄象诗》

《玄象诗》是敦煌卷轴中的一部重要的古代天文学文献，为一首叙述恒星位置的长篇诗歌，但它在隋代之前的历史资料中均未提及，而后世著作中也未见其踪迹。敦煌卷轴中现保存有两种版本的《玄象诗》，编号分别为 P2512 和 P3589[①]。

卷轴 P2512《玄象诗》（图 9-1）位于该卷的第三部分，未署作者名，抄录年代亦不详，但据该卷中有"自天皇已来至武德四年（621 年）二

---

① 潘鼐，"玄象诗的勘订"，《中国恒星观测史》。

百七十六万一千一百八岁"①字样，大约推断为抄录于唐初。正文部分五字为一句，共有 260 余句，其文字通俗浅显，介绍有各星官名及相对位置，内容不涉及星占内容，也未言各星官的星数，但陈卓星官的全部星官名几乎皆有罗列。正如诗末所言，"以此记推步，众星安可匿"，可见是简捷明了的识星著作。

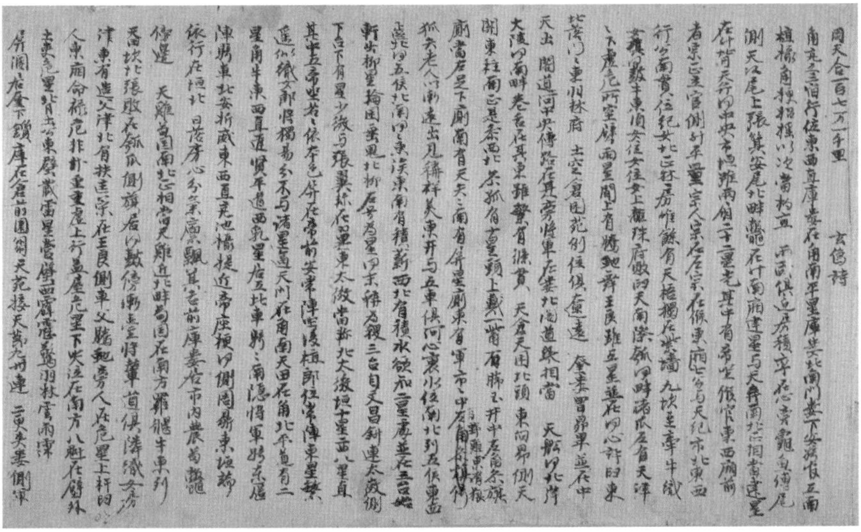

图 9-1　敦煌卷轴 P2512《玄象诗》

敦煌卷轴 P3589《玄象诗》（图 9-2）部分已经残破，诗后注有"太史令陈卓撰"字样②。其编排与 P2512《玄象诗》有所不同，且针对不同恒星区域在开头分别注有"赤""黑"和"黄"来记述石氏、甘氏和巫咸氏星官。

《天文大象赋》

《天文大象赋》（图 9-3）是隋唐之际的作品，隋代李播撰，苗为注。

---

① 敦煌卷轴 P2512，法国国家图书馆藏。

② 邓文宽，比《步天歌》更古老的通俗识星作品——《玄象诗》，《文物》，1990 年第 3 期：61-65 页。

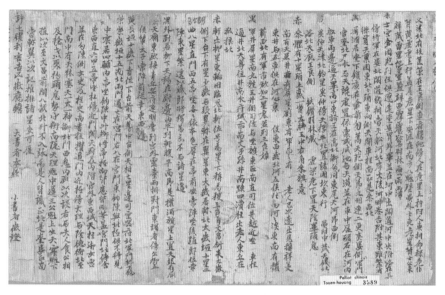

图 9-2 敦煌卷轴 P3589《玄象诗》

图 9-3 《天文大象赋》清代抄本

李播"仕隋高唐尉，以秩卑不得志，弃官而为道士，颇有文学，自号黄冠子"[1]。他是唐代早期著名天文学家李淳风的父亲。

《天文大象赋》采用标准的骈文体写成，文辞多因星官名而敷陈其义，且介绍诸星官名，而不言星数和各星官之间的相对位置。另外，该书还使用较多笔墨介绍各星官占验所主之事，具有十分强烈的星占色彩。书中叙述全天星官的顺序大致为紫微垣、东方七宿、天市垣、北方七宿、西方七宿、南方七宿、太微垣，将全天星官分成三垣十三区，在叙述每个分区时，则是将甘、石、巫咸三

---

① 引自《旧唐书·李淳风传》。

家星官一并讲述。《天文大象赋》与《玄象诗》相比，前者较为适合已有较多星官知识的文人雅士，后者则更适于一般大众，且《天文大象赋》的天区划分方法更接近《步天歌》[1]。

《步天歌》

《步天歌》是以七言诗歌形式对全天星官进行通俗描述的一本著作，其文辞浅显、便于记诵，内容包括对紫微垣、太微垣、天市垣和二十八宿各星官形状、相对位置和星数的描述，部分星还描述有亮度。其作者和年代不详，一般认为是唐开元年间王希明所作，该书有时也被命名为《丹元子步天歌》或《天文鬼料窍》，在民间流行颇广[2]。

《步天歌》有多个版本传世，较早的版本包括南宋郑樵（1104～1162年）《通志》和王应麟（1223～1296年）《玉海》所收录本，其顺序先是从角宿到轸宿的二十八宿，然后为太微垣、紫微垣和天市垣（图9-4）。

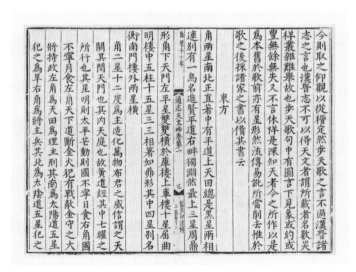

图9-4　元大德刻本《通志》步天歌

---

① 潘鼐，《中国恒星观测史》，"星象体制的演变与唐代恒星观测"。
② 伊世同，《步天歌》星象——中国传承星象的晚期定型，《湖南工业大学学报》，2001年第1期：2-9页。

到了宋代，不同版本的《步天歌》已经文辞不一，如郑樵《通志》就曾对其进行"稽定"。明代亦有不少《步天歌》抄本，通常在其文辞之后，还补充有相应星官的图像（图 9-5 至图 9-7）①。

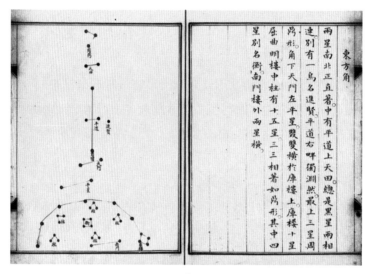

图 9-5 明抄本《步天歌》"角宿"

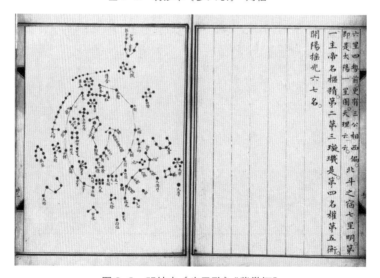

图 9-6 明抄本《步天歌》"紫微垣"

---

① 周晓陆，《步天歌研究》，中国书店，2004 年。

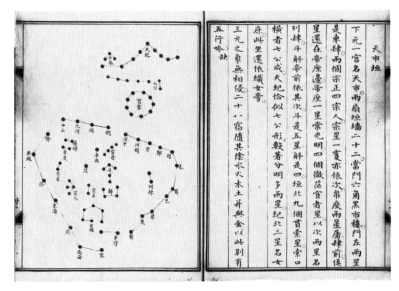

图 9-7　明抄本《步天歌》"天市垣"

清代康熙年间，钦天监博士何君藩对《步天歌》进行重新修订，更名为《天文步天歌》，刊行于康熙五十一年（1712 年）。该本在文辞和图像上做了一些调整，顺序也变更为先介绍紫微垣、太微垣、天市垣，再介绍二十八宿（图 9-8 和图 9-9）。

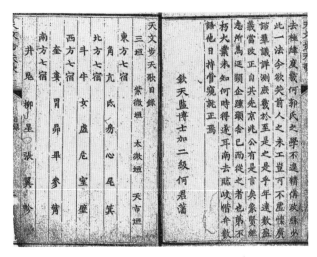

图 9-8　清代何君藩《天文步天歌》

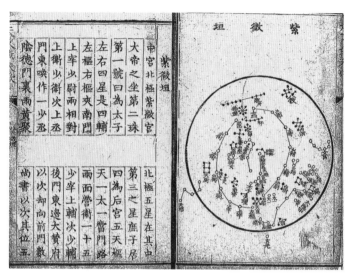

图 9-9　清代何君藩《天文步天歌》"紫微垣"

蒙文《天文步天歌》

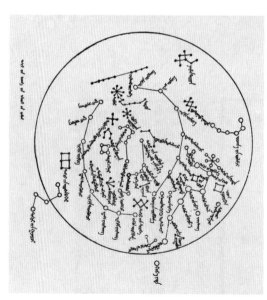

图 9-10　蒙文《天文步天歌》"紫微垣"

蒙文《天文步天歌》有数个藏本，其中一部收录于蒙文《天文原理》中，该书是清廷于 1711～1712 年组织编译的大型天文专著，全书共五函三十八卷，主要内容为《西洋新法历书》的蒙文翻译。但其第四函包括有《天文步天歌》，内容与汉文《步天歌》相对应，星官形状和位置与清本《天文步天歌》图像大体一致（图 9-10 至图 9-12）。

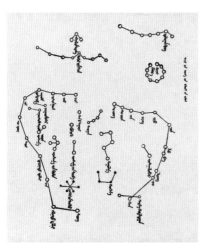

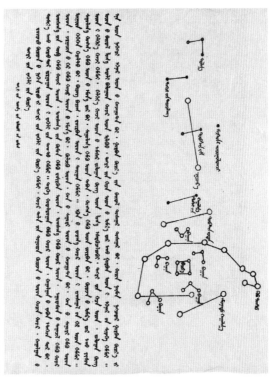

图 9-11　蒙文《天文步天歌》"天市垣"　　　　图 9-12　蒙文《天文步天歌》"角宿"

法文《天文步天歌》

法国巴黎天文台藏有何君藩《天文步天歌》一部，另有 18 世纪来华的法国耶稣会传教士宋君荣对该书的法文译本。书前附有 1734 年 7 月由宋君荣写给法国天文学家约瑟夫-尼古拉斯·德利尔（Joseph-Nicolas Delisle，1688～1768 年）的信件（图 9-13）。

宋君荣共翻译有《天文步天歌》图 31 幅，分别为三垣和二十宿，图像与何君藩《天文步天歌》内容一致，每个星官旁皆注有中文的音译名称（图 9-14 和图 9-15）。

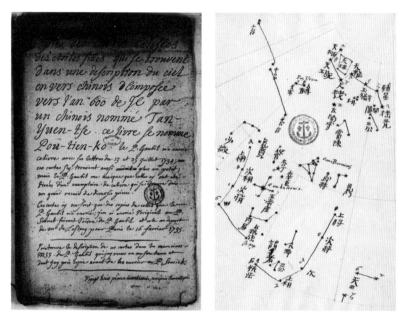

图9-13 《天文步天歌》及宋君荣书信目录

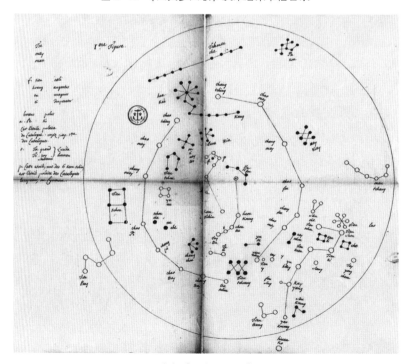

图9-14 法文《天文步天歌》"紫微垣"

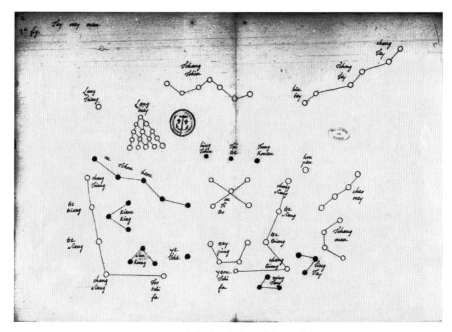

图 9-15　法文《天文步天歌》"天市垣"

朝鲜《新法步天歌》

《新法步天歌》是朝鲜李朝末年的天文学书籍，刊行于哲宗十三年（1862 年），为李浚养编写。中国的《步天歌》传入朝鲜，被广为流传。不过，到了李朝末年，由于年代久远，内容已不适用[①]。据该书跋，李浚养认为，"旧本步天歌年代久远，立法较今多忒，然以其用于科试，株守未整矣"[②]，于是根据所得燕京《实测新书》及旧本《步天歌》加以推验，并参考观测记录，重新校正编辑歌诀。由观象监予以刊行，为了与旧本《步天歌》区别，而称其为《新法步天歌》（图 9-16 至图 9-18）。

---

① 石云里，朝鲜传本《步天歌》考，《中国科技史杂志》，1998 年第 3 期：69-79 页。

② 李浚养，《新法步天歌》，韩国首尔大学奎章阁图书馆藏。

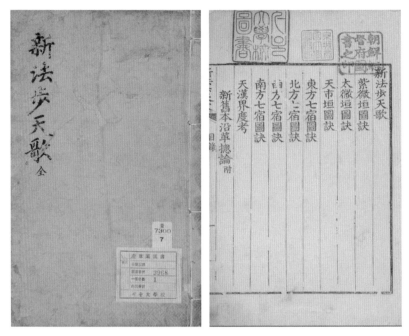

图 9-16 《新法步天歌》

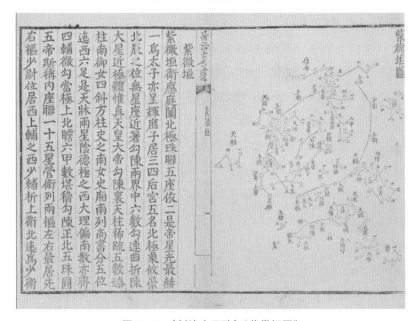

图 9-17 《新法步天歌》"紫微垣图"

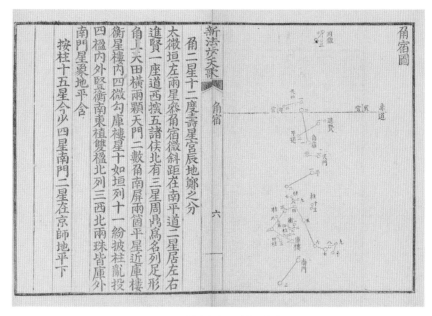

图 9-18　《新法步天歌》"角宿图"

日本《星图步天歌》

《星图步天歌》作于日本文政七年（1824 年），是基于《步天歌》的识星著作，为"初学向门，进步之阶梯"。书前序文记有"斯书也，其阅图知星座，诵歌记其名，则图中有歌，歌中有图，图歌迭记，而后满天之恒星不亦在胸中"[①]（图 9-19）。

《星图步天歌》前图后文，星图部分包括圆图和方图各一幅，形式上与涩川春海和涩川昔尹的《天文成象图》非常相似（详见附录 2），但其中的星官依据中国传统的三家星官，而非涩川春海的日本星官体系（图 9-20）。文字部分录有署名为"隋丹元子著"的《步天歌》，分别介绍了紫微垣、太微垣、天市垣和二十八宿歌。文末有小岛好谦和铃木世孝的一段跋文，提到所用《步天歌》从《管窥辑要》辑出，正其误字。其中"图与歌间虽有龃龉"，但因为先贤所作，所以"不以私意改观"[②]。

① 《星图步天歌》，日本国立天文台藏。

② 《星图步天歌》，日本国立天文台藏。

图 9-19 《星图步天歌》

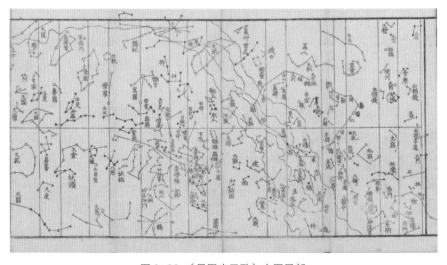

图 9-20 《星图步天歌》方图局部

《经天该》

《经天该》又名《经天诀》《西步天歌》，也称"西歌"，是继《步天歌》之后又一部七言押韵歌。它为明代晚期作品，是西方天文学知识传入中国之后的产物，但在清代初期就已不知其作者为何人[1]。

《经天该》共 422 句歌辞，2900 余字，以紫微垣、太微垣、天市垣，二十八宿的顺序叙述了全天星官。它在《步天歌》的基础上对 283 官、1464 星作了删减，当成"古有今无"之星，另又加"增附之星"，作为增星。《经天该》的星官图形也与《步天歌》描述的古图不尽相同，说明在当时中国恒星星象体制和星官名数在一定程度上已经发生了变化。另外，《经天该》对恒星亮度的描述也比《步天歌》要详尽，使用了许多描述恒星亮度的词汇（图 9-21）。

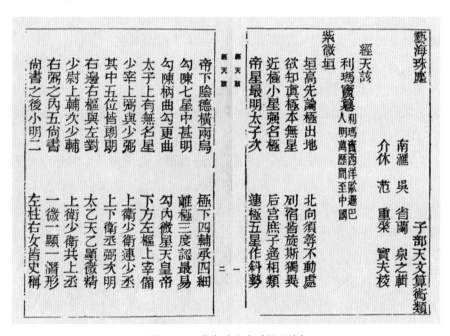

图 9-21　艺海珠尘本《经天该》

① 石云里，《经天该》的一个日本抄本，《中国科技史杂志》，1997 年第 3 期：84-89 页。

《甘石星经》

《星经》是我国古代的一种星占著作，也可以说是一种星表。其中石氏和甘氏的《星经》被认为是这类星表的早期代表。据记载，战国时期魏国人石申夫作《天文》八卷，齐国人甘德作《天文星占》八卷，这两部著作的部分内容被合称为《甘石星经》。不过，石氏和甘氏的原书早已不存，仅在后世著作中有所辑录。

例如，唐代瞿昙悉达（印度裔占星术者）等人编撰的《开元占经》中，就含有一份古代恒星表，内容与《石氏星经》有关。其卷六十五至六十七为"石氏中官占"，记有摄提等62星官，如"石氏曰：摄提六星夹大角，入角八度少，去极五十九度半，在黄道内三十二度太[1]"，卷六十八为"石氏外官"[2]，记有库楼等30个星官。这些内容给出了每个星官的星数、相对位置关系，以及入宿度（距二十八宿距星的赤经差）、去极度（赤道纬度的余角）和黄道内外度（类似于黄道纬度）坐标值[3]。

《甘氏星经》书名很早就出现于许慎编著的《说文解字》中，也是很早便流传于世。《开元占经》卷六十九和卷七十中有"甘氏曰"有关的内容，来介绍恒星的相对位置，但并未给出具体的数据，所以不如书中对《石氏星经》的记载那样详细。

历史上还有一部被称为《星经》或《通占大象历星经》的著作（图9-22和图9-23），也被认为与石氏和甘氏的《星经》有关。其署名通常为"甘公、石申著"，有时则为"撰人不详"，内容一般是在介绍某个星官时，先绘出该星官的各星排列图形，然后对其进行叙述，包括相对位置信息，也有其中某一星的位置数据，共有44颗恒星位置数据。不过，由于书中星占文字的部分地名为隋唐时期所用，所以可能是唐代增删窜改后的托名之作，但也不能否认其中的一些内容确实与石氏和甘氏的著作有关。

---

① "少""半""太"均为古代计量用语。少为3/12度，少弱为2/12度，少强为4/12度；半为6/12度，半弱为5/12度，半强为7/12度；太为9/12度，太弱为8/12度，太强为10/12度。
② 瞿昙悉达，《开元占经》，卷六十五。
③ 潘鼐，两晋南北朝甘、石、巫咸三家星经的流传与整理，《中国恒星观测史》。

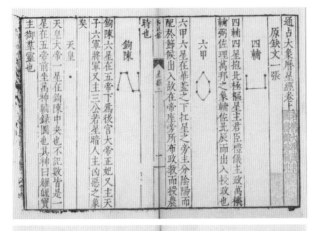

图 9-22　《通占大象历星经》

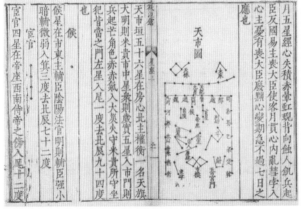

图 9-23　《通占大象历星经》"天市图"

《崇祯历书》星表

崇祯年间，在徐光启和李天经的主持下，编撰完成了卷轶浩繁的《崇祯历书》，该书较为系统地介绍了当时欧洲的天文学知识。《崇祯历书》中除了介绍有星图的《恒星经纬图说》一卷，另有星表著作《恒星经纬表》两卷和《恒星出没表》两卷（图 9-24 和图 9-25）。

由于当时中国传统的 283 星官系统已经沿用长达一千多年，难以彻底摒弃，因此只能在其基础上进行补充和完善，而没有完全照搬西方的星座系统。所以当时的策略是，一方面对"旧图所有，而细微隐约者"进行重新调整和删减，另一方面对"旧图未载，而体势明晰，测量已定，

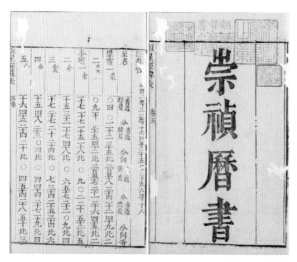

图 9-24 《崇祯历书》"恒星经纬表"

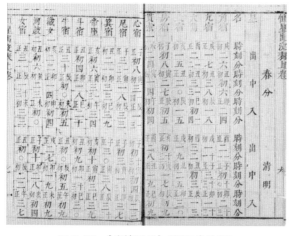

图 9-25 《崇祯历书》"恒星出没表"

经纬悉具者，一一增入"，增添了一定数量的恒星作为增星[1]。另外，对于西方星表中的一些赤道以南不可见之星也进行了翻译和补充。

《恒星经纬表》的内容包括各星黄经、黄纬和赤经、赤纬，数据精确到 1 角分[2]，并且还给出各星的星等，将黄道周天 360度分为十二宫，每宫30 度，以中国古代十二次之名作宫名。每个星座皆按中国星官名排列，以黄经为序，仿照西方星表给各星加以编码（一、二、三……）来标识各星。增星则在星名下加一"增"字。例如，奎宿原有十六星，分别记为奎宿一至奎宿十六，作为第十七颗的增星，记为"奎宿内十七增"。据书中所言"黄、赤经纬，每座每星，测算既确，次于图中依表点定，乃加印记，后方联缀。因此知前元测候，曾无乖爽，

---

① 徐光启，《崇祯历书·恒星历指》，卷一。
② 角分，又称弧分，用于描述角度。1 度 =60 角分 =3600 角秒。

后来致用，可无谬误也"①。此外，除了《恒星经纬表》，另两卷《恒星出没表》则列出各星在不同节气时的出入和中天时刻。

《灵台仪象志》星表

康熙八年（1669 年），南怀仁请求另制作新仪，以取代元明两代遗留的旧式天文仪器，上疏附图，"并呈式样"。康熙十二年（1673 年），黄道经纬仪、赤道经纬仪、地平经仪、地平纬仪、纪限仪和天体仪这六件仪器告成。为了配合介绍这些仪器及星象，南怀仁又主持编撰《灵台仪象志》十四卷和《仪象志图》两幅。书中除了详细记述仪器的构造、安装和用法等，还提供了不同的恒星星表，包括"黄道经纬仪表""增定附各曜小星黄道经纬度表""赤道经纬仪表""增定附各曜小星赤道经纬度表"等。

其中，"黄道经纬仪表"和"增定附各曜小星黄道经纬度表"使用黄道经纬仪所测（图 9-26）。前者历元为康熙壬子（1672 年），共有一至六等星 1367 颗，按十二宫从降娄戌宫至娵訾亥宫分别列有黄道经度，所取黄道岁差值为每年 51 秒。后者则包含增订小星 509 颗，其中五等星 4 颗，六等星 500 颗，气（星云）5 颗。

"赤道经纬仪表"和"增定附各曜小星赤道

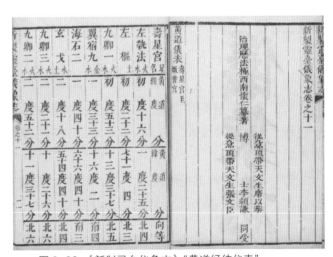

图 9-26 《新制灵台仪象志》"黄道经纬仪表"

---

① 徐光启，《崇祯历书·恒星历指》，卷一。

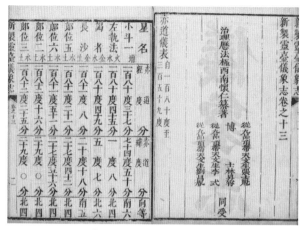

图 9-27 《新制灵台仪象志》"赤道经纬仪表"

经纬度表"使用赤道经纬仪所测（图9-27）。前者历元为康熙癸丑（1673年），共有一至六等星1368颗，各星按赤经从0度至360度依次递增排列。后者则包含增订小星508颗，其中五等星4颗，六等星499颗，气5颗。

《仪象考成》星表

《仪象考成》是乾隆年间为重修《灵台仪象志》而作，即"天官家诸星纪数之阙者，补之序之，紊者正之"①。该书除卷首上下两卷，分别叙述在乾隆年间制作的玑衡抚辰仪的结构与用法，另有"恒星总纪"一卷对《灵台仪象志》和《步天歌》等著作的星数进行纪数比较，余下三十卷皆为星表，包括"恒星黄道经纬度表"十二卷（图9-28）、"恒星赤道经纬度表"十二卷、"月五星相距恒星黄赤经纬表"一卷和"天汉经纬度表"四卷（图9-29），以乾隆九年甲子（1744年）为历元。

其中，"恒星黄道经纬度表"按各星的黄道经度从小到大依次列出3083颗恒星的黄道经纬度数据、赤道经纬度数据、赤道岁差值和星等。其所含星数比《灵台仪象志》有了大幅增加，增加的近南极恒星名采用西名直译，其他增加的恒星名称则以某附近传统恒星而定，如

---

① 《御制仪象考成》序，故宫博物院藏。

"井宿北增三"等。各星的黄道经纬度、赤道经纬度均精确到角秒。

"恒星赤道经纬度表"与"恒星黄道经纬度表"内容则基本相同，只是顺序改为以赤道经度从小到大重新排列，各星赤道经纬度数据下为相应的黄道经纬度数据。即所谓的"依赤道次序列《恒星赤道经纬度表》，而以黄道经纬附之"①。

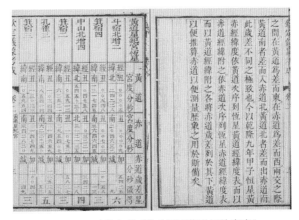

图 9-28 《仪象考成》"恒星黄道经纬度表"

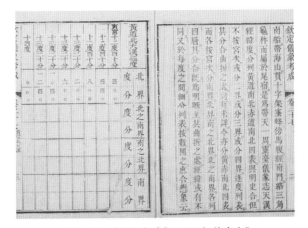

图 9-29 《仪象考成》"天汉经纬度表"

"月五星相距恒星经纬度表"为黄道南北各 10 度范围内的恒星黄道和赤道经纬度表，数据均取自前两份表格，按黄道十二宫排列，并附有赤道岁差和星等，这份表格主要是为了方便进行月亮和五星凌犯恒星②的计算。"天汉经纬度表"实际上并非是一份恒星表格，它列有通过黄道和赤道经纬度数据，以此来确定银河的大致位置和走向，是对银河的一种定量描述。

---

① 戴进贤等，《仪象考成》，卷二。
② 古人将五大行星的视运动位置接近某颗恒星的现象称为"五星凌犯某恒星"，凌犯即为侵犯之意。

《仪象考成续编》星表

中国现代通用的古星名基本上是依据《仪象考成续编》，该书的星表包含有正星 1319 颗，加上南极星 130 颗，共为 1449 颗；另有增星 1771 颗，加上南极增星 20 颗，共为 1791 颗，因此，正星和增星一共为 3240 颗星。其星表作为清代道光年间官方组织的恒星观测和星表修订工作的成果，在测算中主要改进了黄赤大距，即黄赤交角的数据，以及星等和恒星运动迟速的不同[①]。

关于星表的测算，据敬徵在道光二十四年（1844 年）十一月的奏折中提到，自道光二十二年（1842 年）七月，"拣选官生，分派职事，饬令详慎考测。去后，旋于二十三年（1843 年）秋间，据该官生等按赤道经度，测得星体略大……然尤恐为验未精，仍令详加测算"[②]。也就是说，先对恒星的赤道经纬度进行一年的实测和半年的复测，然后又用了一年进行从赤道经纬度到黄道经纬度的换算，同时继续实测检验后，最终才得以定稿。

《仪象考成续编》全书共三十二卷，卷首是与本书编纂有关的奏折，

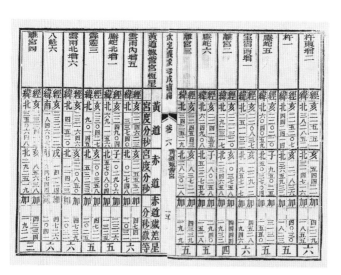

图 9-30 《仪象考成续编》"恒星黄道经纬度表"

卷一为"恒星汇考"，讨论岁差和黄赤交角对恒星坐标的影响，以及恒星自行、银河界度等问题；卷二为"恒星总纪"，是对恒星位置测量的总体介绍；卷三，"星图步天

---

① 伊世同，《中西对照恒星图表》，科学出版社，1981 年。
② 《皇朝续文献通考》卷二百九十四。

歌"，介绍有《步天歌》文辞和对应星图；卷四至卷十五为"恒星黄道经纬度表"（图 9-30 和图 9-31）；卷十六至卷二十七为"恒星赤道经纬度表"，分别列有 300 座、3240 颗恒星的黄道与赤道经纬度数值；卷二十八为"月五星相距恒星经纬度表"，是与凌犯推算有关的恒星位置；卷二十九至卷三十二为"天汉黄道经纬度表"和"天汉赤道经纬度表"，即银河分别在黄道与赤道坐标系中的界限范围。这些星表以道光二十四年甲辰（1844 年）为历元，黄道岁差定为每年东行 52 秒。

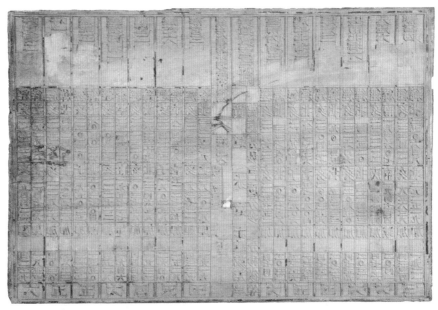

图 9-31 《仪象考成续编》"恒星黄道经纬度表"刻版

《天文图说》星表与星图

黄道十二宫的名称最迟在隋代就已经通过佛经经印度传入中国，如开皇初年天竺法师那连提耶舍自梵文翻译的《大方等日藏经》中，就有"特羊（白羊）""特牛（金牛）""双鸟（双子）""天女（室女）""水器（宝瓶）""天鱼（双鱼）"等名。此后，黄道十二宫的名称在其他经文和典籍中又被多次重译，逐渐趋于固定才形成如今的译名。

　　不过，西方星座名称的全面汉译则是比较晚的事情，虽然在明清时期，随着《回回历法》和西洋历法的传入，一些新的西方星座名称被介绍到中国，但大多并不全面。最早较为全面翻译和介绍西方星座的著作是光绪九年（1883年）出版的《天文图说》。该书由英国人柯雅各（James Gall，1808～1895年）撰写，内容基于1874年出版的 *Handbook to Astronomy*，是一部介绍近代西方天文学基础知识的科普读物。

　　《天文图说》的翻译工作由两位美国来华传教士摩嘉立（Caleb Cook Baldwin，1820～1911年）与薛承恩（Nathan Sites，1830～1895年）完成。摩嘉立出生于美国纽泽西州，1848年作为公理会差会牧师被派往中国福州，在当地从事教会教育与圣经翻译工作。薛承恩出生于美国俄亥俄州，作为美以美会传教士，1861年被派往福州传教。

　　《天文图说》在介绍了最新西方天文学知识的同时，还将西方星座完整地翻译成中文。书中兼用星座的意译和音译，其中大部分星座采用意译如"大熊""天猫""鹿豹"，少数用音译，如"安多美大（仙女座）""比尔息武（英仙座）""阿乃安（猎户座）"，还有一些采用音义结合进行翻译，如"亚哥船（南船座）"。通常来说，书中对动物和器物命名的星座大都使用意译，而西方神话大都使用音译（图9-32和图9-33）。

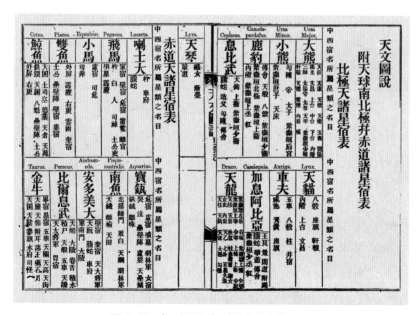

图9-32　《天文图说》对西方星座的翻译

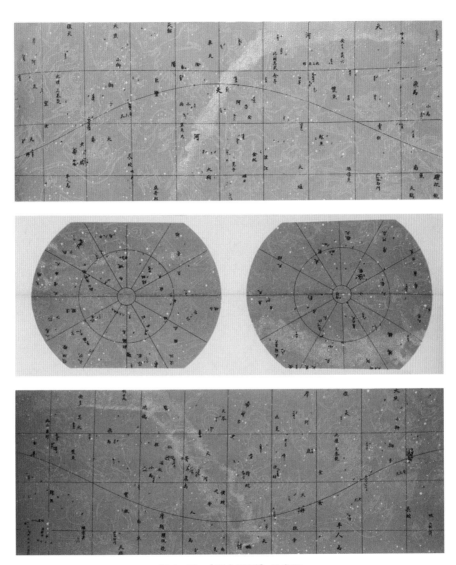

图 9-33　《天文图说》星座图

器物星图

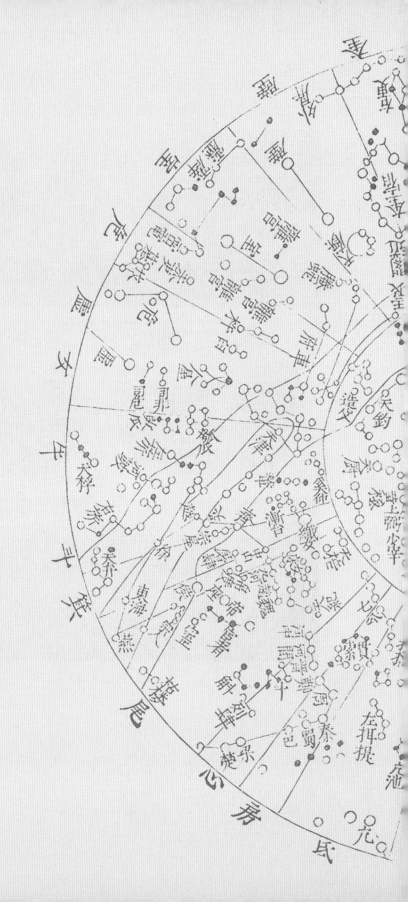

古代器物中经常出现有星象图案或与星象有关联的各类图形，这其中既有依附于当卢、瓦当和铜镜等器物载体的四神图像，具有宗教和礼仪意义的星象铜钱和簿旗，也有集装饰和实用天文功能于一体的星象铜盆、简平仪、天体仪等。这些星图往往形式多样，兼具科学与艺术价值。

汉代四神当卢

当卢是古代马具，多为铜质或金质，其形制多样，一般呈圆形或长条形，背部有钮，可穿在皮革之上，垂在马额中央作为装饰。当卢最初盛行于商周时期，历代一直沿用。现存当卢中，有多件绘（刻）有四神图像。例如，法国巴黎吉美博物馆藏四神当卢，四方分别绘有青龙、白虎、朱雀（另有部分已残缺，当为玄武或鱼的图形，图 10-1）。近年来，西汉海昏侯墓也出土多件当卢，其中一件绘有"日月四神"图（图 10-2），图中含有三足乌的太阳、含有玉兔和蟾蜍的月亮，此外还有青龙、白虎、朱雀，以及玄鱼（此四神与河南博物院"四神云气图"类似，其中的鱼可能是早期四神形态之一）。

图 10-1　四神当卢
（巴黎吉美博物馆藏）

图 10-2　日月四神当卢（海昏侯墓出土）

汉代四神瓦当

瓦当是古代中国建筑中覆盖建筑檐头筒瓦的遮挡物，用来装饰美化和蔽护建筑物檐头，在两汉时期极为盛行，所谓"秦砖汉瓦"就是指这一时期建筑装饰的辉煌。汉代瓦当主要出土于陕西、山东和河南三省，其中陕西西安一带尤多。根据所饰内容，瓦当可分为图案瓦当、图像瓦当和文字瓦当，其中尤以文字瓦当居多。图案瓦中则以汉长安城、长杨宫等遗址所出的青龙、白虎、朱雀、玄武四神瓦当为其中的代表作（图10-3）。

图 10-3 四神瓦当（王莽九庙遗址出土）

据《汉书·王莽传》记载，地皇元年（20年），王莽拆长安城西苑中的建章宫等十余宫殿，"取其材瓦，以起九庙"[1]，穷极百工之巧修建九庙等建筑。九庙建筑围墙的四门就专门使用了特制的四神瓦当，即东门用青龙瓦当，西门用白虎瓦当，南门用朱雀瓦当，北门用玄武瓦当。可惜这些瓦当在建成不到一年后，便被绿林军付之一炬，如今留存的极少。

---

[1] 《汉书·王莽传下》。

隋唐时期四神铜镜

铜镜是中国古代青铜器中的重要日常用品，也常作为墓葬随葬品。最早的铜镜出土自4000多年前的青海齐家文化遗址，其后历经西周、春秋、战国、秦、汉、三国魏晋南北朝的逐渐发展，铜镜制作至隋唐时达到鼎盛，宋元以后日趋衰退。铜镜的形制、纹饰、铭文等具有明显的时代特征。四神和十二生肖是隋唐时期常见的铜镜装饰图案，通常内区有青龙、白虎、朱雀、玄武四神环钮排列，外区排列有十二生肖，形态逼真，云纹补间（图10-4）。

图 10-4　隋代四神十二生肖纹铜镜

星象铜镜

这件星象铜镜（图10-5）年代不详，镜背面铸有日月和星官的图像，并写有"天地"二字，其星官图形多为写意，可能属于道教器物。铜镜本是古代照面的日常生活用具，据唐初王度《古镜记》中的描写，古人认为铜镜法力无穷，具有镇邪功能，铜镜也是道教中的重要法器。

图 10-5　星象铜镜

星象铜钱

这枚星象铜钱（图10-6）年代不详，属于"花钱"的一种。"花钱"

图 10-6 星象铜钱

源自汉代，只是民间娱乐的一种玩钱，虽具有钱币的形态，但不作流通使用，类似如今的纪念币。这枚星象铜钱上铸有星象和对应的文字，内容包括"东、南、西、北"四个方位，"天汉（银河）""日出""日入"，"启明朝见""长庚夕见"，以及"斗柄""箕""牵牛""织女"等星名。其中"启明"和"长庚"都是指金星，由于金星是内行星，只在晨昏前后出现在太阳附近，早期古人曾将其误认作两颗不同的星。所以，钱币上一方铸有"东""日出"和"启明朝见"，另一方铸有"西""日入"和"长庚夕见"。

"分度之规矩"星象铜盆

"分度之规矩"星象铜盆（图 10-7）制造于 1683 年，外直径约 34 厘米，星图部分直径约 24 厘米，上面的星图内容基于朝鲜的《天象列次分野之图》，盆的两边各有凹槽，可以放置罗盘。李约瑟认为该铜盆可能为航海所用，也有学者认为该盆具有测量功能，是方位测定器具，注入水后，也可以校准地平线[1]。

另有一件类似的星象铜盆是从一艘沉船中打捞而得的，其直径为 34.5 厘米，于 1668 年在日本铸造，现保存于苏格兰国家博物馆（图 10-8）。

---

[1] Miyajima, Kazuhiko. "Japanese celestial cartography before the Meiji period." *The History of Cartography, Volume Two: Cartography in the Traditional East and Southeast Asian Societies*; Chicago & London: The University of Chicago Press(1994), 579-603.

图 10-7　"分度之规矩"星象铜盆
（日本佐贺县立博物馆藏）

图 10-8　星象铜盆
（苏格兰国家博物馆藏）

明代"天下一"星象瓷盘

明代"天下一"星象瓷盘现藏
于法国巴黎吉美博物馆，被定名为
"万历漳州窑彩釉江景渔船大盘"
（图 10-9），盘中心绘有"天下一"
字样的罗盘，盘面绘有船只和星象
图案，是难得一见的与明朝航海和
天文有关的瓷器作品。明清时期，
漳州月港兴起，漳州窑瓷器成为重
要的外贸产品，这件瓷器即明末供
应国外市场的外销瓷器。

图 10-9　明代"天下一"星象瓷盘
（法国巴黎吉美博物馆藏）

清代铜镀金星象插屏

这件铜镀金星象插屏（图 10-10）为道光年间清宫造办处所制，属于
清宫旧藏。其通高约一米，插屏星盘直径约 60 厘米，一共有两件，一件

图 10-10　铜镀金星象插屏
（赤道北极恒星图，故宫博物院藏）

图 10-11　御制铜镀金简平仪
（图中所见第二层和第三层，故宫博物院藏）

绘有赤道北极恒星图，另一件绘有赤道南极恒星图。这两件星象插屏采用紫檀木做框架，框架上还用嵌螺钿工艺，镶有蝙蝠和铜钱图案，寓意"福在眼前"。其上的星象图采用赤道坐标，外规依次刻有 3 种不同的刻度，最外圈为周天 360 度，隔为 1 度，中圈刻度间隔为 10 度，内圈为赤道十二宫。

清代御制铜镀金简平仪

这件御制铜镀金简平仪（图 10-11）为康熙二十年（1681 年）清宫造办处所制，属于清宫旧藏。其直径约 32 厘米，上端刻有"简平仪"铭文，下端刻有"康熙二十年岁在辛酉仲夏制"铭文。其结构共分为三层，第一层为北地平盘，外圈刻 12 个月，每月分为 30 度，其次刻有十二时辰，圆盘中心为北天极；第二层为天盘，其两面分别刻有北极恒星和南极恒星，还刻有阴历日期、赤道十二宫次、周天 360 度、二十四节气、黄道和银河；第三层为南地平盘，圆盘中心为南天极，中间位置刻有时刻盘，另有日出线、日入线、节气线等。由于该简平仪并没有安置窥管，并非用于实际观测，主要用来演示和求算日出、日落时刻，以及恒星中天时刻。

清代磁青纸制简平仪

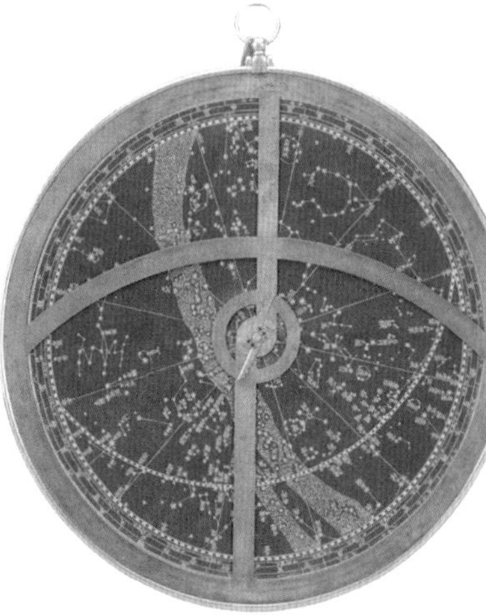

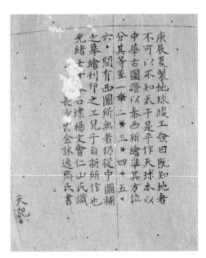

图 10–12　磁青纸制简平仪
（故宫博物院藏）

这件磁青纸制简平仪（图 10-12）为康熙年间清宫造办处所制，属于清宫旧藏。简平仪两面分别贴有磁青纸，上面分别绘有北天和南天的星图，外圈绘有周天 360 度、十二次和二十四节气。

清代纸制天体仪

这件光绪年间的纸制天体仪（图 10-13）为湖南长沙杨仁山所制，属于清宫旧藏。其通高为 52.2 厘米，地平圈直径为 31 厘米。天体仪整体上面用黑漆绘有星象及其名称，下面配有方形木座，反映了“天圆地方”的思想。根据其跋文“以中华古图证以泰西新绘，准其方位，

图 10–13　纸制天体仪（故宫博物院藏）

庚辰夏製地球竣工僉曰既知地者
不可以不知天于是乎作天球本以
中華古圖證以泰西新繪準其方位
分其等差一★二★三★四十五
六・間有西圖所無者仍從中圖補
之摹繪刊印之工兒子自新所作也
光緒壬十[illegible]石埭楊文會仁山氏識
長沙曾金詠逸齋氏書
天記

图 10–14　纸制天体仪跋文

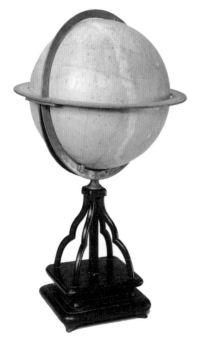

图 10-15　铜镀金天体仪
（故宫博物院藏）

分其等差：一、二、三、四、五、六。间有西图所无者，仍从中图补之"（图 10-14）可知，该天体仪乃是中西合璧之作。

清代铜镀金天体仪

这件铜镀金天体仪（图 10-15）属于清宫旧藏，其高约 1 米，天球直径为 0.5 米。铜镀金天体仪的上下两端为天球的北极和南极，天球上刻有全天星象，以及赤道和黄道，沿着黄道还刻二十四节气，天球可以绕轴转动，用于演示恒星的周天运动。另外，该天体仪还可以用于黄道坐标、赤道坐标、地平坐标三种坐标体系的互相换算，以及求相应星象的中天时刻。

清代金嵌珍珠天球仪

这件金嵌珍珠天球仪（图 10-16）为乾隆中期内务府造办处所制，属于清宫旧藏。该天球仪由座、支

图 10-16　金嵌珍珠天球仪
（故宫博物院藏）

架和天球三部分组成，其中架高约 61.5 厘米，天球直径约 29.5 厘米，整体使用黄金制作，上面的恒星则皆嵌以大小不等的珍珠，目前部分珍珠已脱落（图 10-17）。天球仪装有赤道环和地平环，北极位置还有时辰盘，支架部分为九龙环绕，并置有四兽足环座，座上有东、南、西、北四字，座心有罗盘。

图 10-17　金嵌珍珠天球仪（局部）

此外，天球仪内部还藏有多组机械装置，一组用于演示天球周日运动，一组用于锤击钟碗以便每个时辰报时，还有一组采用百音琴小铜铃，在子、卯、午、酉这四个时辰进行报时。

清代星图天文钟

这件星图天文钟（图 10-18）又称恒星图节气时辰钟，于清光绪年间在苏州制造，原为清宫旧藏，高 60 厘米、宽 32 厘米、厚 23 厘米，钟壳为紫檀木制成，是一个集报时及报节气功能于一体的天文星图时钟。

其钟盘是以黑色为底色的星图，以北天极为中心，用金色描有三垣、二十八宿和银河，星图的外围有十二次名。钟面外还有两个铜圈，内圈刻有二十四节气，每一节气又划分为十五格；外圈刻十二时辰，每时辰分为初

图 10-18　星图天文钟

和正，共两小时，每小时又再分为四刻。天文钟由簧片驱动，钟盘外缘有齿，能够与走时系统的齿轮耦合转动来显示星空的变化。

清代齐彦槐天体仪

　　齐彦槐（1774～1841年），字梦树，号梅麓，徽州婺源（今属江西省）人，嘉庆十四年（1809年）进士，曾任职苏州知府。他精于天文、地理、交通和水利，道光十年（1830年）前后制作有天体仪、中星仪等仪器，著有《北极星纬度分表》四卷，以及《天球浅说》《中星仪说》各一卷。据其《中星仪说》记载，"中星仪者，有北极无南极，得大圆之半……初为俯仪……改作仰仪，然终不若立天于对面平视之为便。故天球者，天外观天也；中星仪者，对面观天也"[①]。另据钱泳（1759～1844年）《履园丛话》记载，"近时婺源齐梅麓员外又倩工作中星仪，外盘分天度为二十四气，每一气分十五日，内盘分十二时为三百六十刻，无论日夜，能知某时某刻某星在某度，毫发不爽，令天星旋转，时刻运行；一望而知，是开千古以来未有之能事，诚精微之极至矣"[②]。

　　齐彦槐制作了多台天体仪，其中一件原藏于安徽省博物馆，现藏于中国国家博物馆（图10-19），其他数件藏于海外（图10-20）。齐彦槐天

图10-19　齐彦槐天体仪
（中国国家博物馆藏）

---

① 齐彦槐，"中星仪说"，载《见闻续笔》卷二。
② 《履园丛话》卷十二。

体仪内部仿效钟表，使用"钢肠"（发条）作原动力，不但可以演示定星象节候，还能运转报时。天球面阴刻有星象，仪器中下部有一圆形钥匙孔，可以插入扁柄钥匙，为发条提供动力（图 10-21）。其《天球浅说》介绍天体仪含地平规、子午规、赤道规，黄道线刻在天球上，各刻度均作 360 度。天体仪上面的星图主要依据《仪象考成》，此外齐彦槐还将中国无法见到的近南极的恒星 23 座共 150 星，依西

图 10-20　齐彦槐天体仪
（伦敦科学博物馆藏）

洋所测刻于天球上。恒星的经纬度则依乾隆甲子年（1744 年）新测数据，再按岁差换算至道光丙戌年（1826 年）而成。

齐彦槐的这些仪器达到了当时的先进水平，另外他还颇有商业头脑，

图 10-21　道光七年（1827 年）制齐彦槐天体仪及其铭文和内部结构
（私人收藏品）

据其子齐学裘在《见闻续笔》记载，齐彦槐生平好书画，所"售手制钟球"等，"多半购买书画古帖"。并且齐彦槐在自己的著作《天球浅说》中也强调，"此固人间必不可少之器也"，无论是记录生辰，还是选择造屋修墓及丧葬的吉日都需要这些精密的计时仪器[①]。

除了齐彦槐，在晚清时期还有不少民间匠人制作有类似的天体仪，如道光年间安徽休宁邓符生就制有自动天体仪一座（图10-22），上面有铭文"庚寅仲秋休宁邓符生、金陵李永成同造"。

 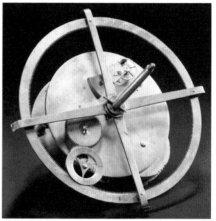

图10-22　邓符生、李永成造天体仪及内部机械构造

二十八宿卤簿旗

卤簿是中国古代帝王外出时随行的仪仗队，汉代对此就有记载，如蔡邕在《独断》中记有"天子出，车驾次第，谓之卤簿"[②]。《汉官仪》中解释为"天子出车驾次第谓之卤，兵卫以甲盾居外为前导，皆谓之簿，故曰卤簿"[③]。卤簿的使用范围包括祭祀、朝会、外出和巡幸等，一方面是为保障帝王及其随员的安全，另一方面也是为了彰显帝王的威仪，此

---

① 齐学裘，《见闻续笔》，卷十七。
② 蔡邕，《独断》，卷下。
③ 应劭，《汉官仪》。

图 10-23　北宋《大驾卤簿图》

外还带有对神祇显示庄重和虔诚的意味。

卤簿制度在明代已趋于完备，清乾隆时期发展至顶峰。乾隆十三年（1748 年）完成卤簿制度的最后定例，共分大驾卤簿、法驾卤簿、銮驾卤簿，骑驾卤簿，共四个等级。其中，大驾卤簿（图 10-23）用于郊祀祭天；法驾卤簿用于朝会和太庙祭祖；銮驾卤簿用于平时出入；骑驾卤簿用于巡幸。卤簿在装备方面也有具体要求，对华盖、执扇、御仗、旗等的样式和数量有着非常严格的规定，如对旗就有取材于四神和五星二十八宿的要求，《皇朝礼器图式》中对此有详细记载（图 10-24）。

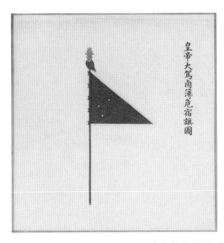

图 10-24　《皇朝礼器图式》"皇帝大驾卤簿危宿旗图"

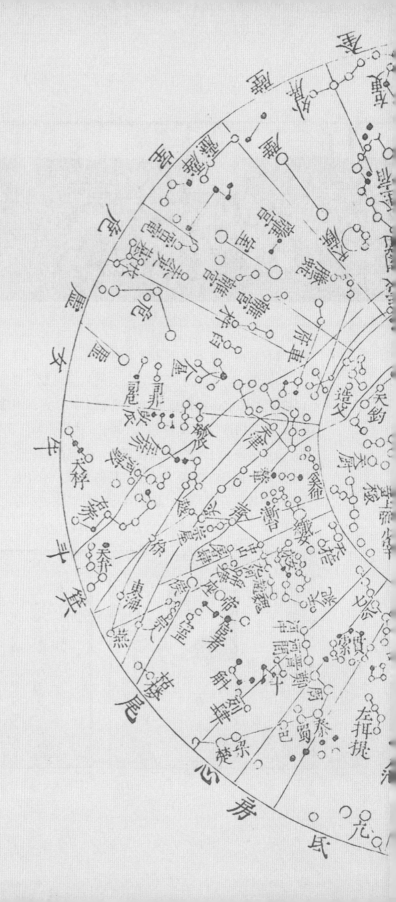

附录1

朝鲜古星图

中国与朝鲜半岛陆地接壤，交通便利，自古在科技和文化等方面就有十分密切的交流，朝鲜历代统治者也都十分重视从中国学习天文知识。前文介绍高句丽晚期的墓室壁画中就有源自中国中原地区的四神和日月星辰等图案。另据文献记载，公元 692 年，僧人道昭曾将唐代的天文图传至新罗，这也是中朝之间关于星图交流的最早文字记载。

朝鲜李朝初期，太祖李成桂（1335～1408 年）重刻了 7 世纪高句丽时期从中国得到的一块石刻天文图，将其命名为"天象列次分野之图"，这也是在朝鲜历史上影响最广的一幅中国传统星图。17 世纪之后，随着西学的传入，戴进贤的《黄道总星图》在朝鲜也流传颇广，《新旧天文图》《新法天文图》等星图皆受其影响。

中朝两国的星官体系基本相同，皆是以陈卓的三家星官和《丹元子步天歌》的 283 官、1464 星为依据。古代朝鲜绝大部分星官的图形、星数及相对位置与中国传统星官相同，但在某些星官的图形上，也存有一些差别，其中差异比较明显的大约有 30 余个，如八谷和翼宿等（图 A-1）。不过，若是将朝鲜星官与敦煌星图等中国早期星图相比，这其中的差异则要更小。也就是说，不少朝鲜星官的图形实际上是保留有中国更早时期星官的痕迹。

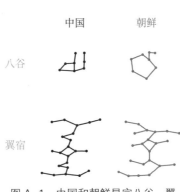

图 A-1　中国和朝鲜星官八谷、翼宿图形比较

南浦江西大墓四神图

江西大墓位于韩国南浦市江西地区三墓里，是高句丽时期具有代表性的石室墓穴。经考证该墓年代大约为六朝梁、陈至隋代，墓的主室绘有大面积的彩色壁画。穹顶壁画绘有飞天、仙人和动物等图像，四周的壁画则绘有四神图，东壁为青龙，南壁为朱雀，西壁为白虎，北壁为玄武（图 A-2 至图 A-5）。其中，因墓室的大门朝南，所以在大门左右各绘有朱雀一只，两只朱雀相向而视，别具一格。东壁的青龙为腾飞伸舌状，并口吐烈焰，北壁的玄武龟与蛇吐舌相持，线条流畅，栩栩如生，彰显了绘画者流畅细腻的笔致和画风。

日本殖民时期，受朝鲜总督府博物馆委托，该壁画在 1930 年由东京美术大学的小场恒吉和太田福藏绘制模写本。由于该壁画实物如今损坏比较严重，许多细节信息只能依赖于这个早期的模写本。

图 A-2　江西大墓壁画青龙模写图

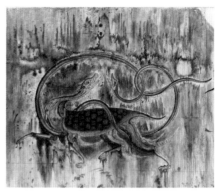
图 A-3　江西大墓壁画玄武模写图

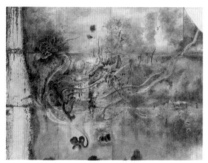
图 A-4　江西大墓壁画白虎模写图

图 A-5　江西大墓壁画一对朱雀模写图

《天象列次分野之图》

《天象列次分野之图》是朝鲜历史上最重要的星图，目前存有石刻碑两块，且有刊印本和拓片流传，对后世朝鲜和日本的其他星图影响极大。据文献记载，朝鲜半岛在高句丽时期就曾从中国得到一块石刻天文图，后来唐朝与新罗联军于 668 年攻占平壤，高句丽灭亡，这个天文图石碑在战乱中被沉入大同江。

朝鲜李氏王朝建立后，其开国君主太祖李成桂于 1395 年下令依旧拓本重刻天文图石碑，命名为"天象列次分野之图"。至朝鲜肃宗（一般指李焞，朝鲜王朝第十九任君主，于 1674～1720 年在位）时，又据新碑拓本于 1687 年再次刻碑。目前，两块石碑皆为韩国国宝（分别为国宝 228 号和 837 号），保存于韩国国立故宫博物馆。为了纪念该天文图，韩国人甚至将其印在了本国的纸币上（图 A-6）。

这两块《天象列次分野之图》石碑的差别主要在于两个方面，一是前者双面皆

刻有图形文字,而后者只有单面;二是前者
的标题"天象列次分野之图"位于石碑的中
下方,而后者的标题位于石碑顶部。另外,
两者尺寸大小也略有差异,1395 年的《天象
列次分野之图》石碑宽 123 厘米、高 211 厘
米、厚 12 厘米(图 A-7);而 1687 年的石碑
宽 108.5 厘米、高 206.5 厘米、厚 30.2 厘米
(图 A-8)。

图 A-6　一万韩元的背面图像
(韩国发行的一万韩元纸币,正面印有
世宗大王的肖像,背面印有《天象列次
分野之图》和普贤山 1.8 米望远镜、浑
天仪等图案)

　　《天象列次分野之图》上方文字包括"十
二分野及星宿分度""日宿""月宿",并介绍
了十二州对应的分野位置及对日月的描述,此外还有
一小圆圈,绘有二十四节气对应的昏旦中星。天文图
下方文字包括"论天"篇和"二十八宿去极度分",
以及刻于洪武二十八年(1395 年)十二月的跋文一
篇,其中跋文提到该图本身乃"原刻之旧",但中星
等则"据是年新测"。碑文的署名包括中枢院副使兼
判书云观事(官职)柳方泽和校书监偰庆寿,共同具
名的还有书云观(机构名称)的权仲和、崔融、卢乙
俊、尹仁龙、金堆、田润、金自绥、金候等人(图
A-9)。天文图文字部分的"论天"及"十二分野"等
内容则主要源自《晋书·天文志》和《隋书·天文
志》等书 [①]。

图 A-7　《天象列次分野之图》
1395 年石刻本复原图

　　虽然《天象列次分野之图》历经重刻,但依旧
保存了中国隋唐以前的部分星象,在传世中国星图
中,它也是较早的根据实测绘制的古星图,具有重要
的科学文化价值,同时它还见证了朝鲜半岛与中国悠久的科技和文化交流历史。其
星图中间接近北极区域的恒星位置为 14 世纪新测,而星图外围的恒星则可能源自早
期的天文图。另外,图中的黄赤交点位置在当时并没有进行修正,如果根据岁差推
算,其春分点和秋分点大致反映的是公元前 50 年的位置。

---

① Stephenson, F. Richard. "Chinese and Korean star maps and catalogs.", *The History of Cartography, Volume Two: Cartography in the Traditional East and Southeast Asian Societies*; Chicago & London: The University of Chicago Press (1994), pp. 511-578.

图 A-8 《天象列次分野之图》
1687 年石刻本复原图

图 A-9 《天象列次分野之图》
木刻印本

朴堧《浑天图》

朴堧（1378~1458 年），号兰溪，是朝鲜李朝时期的音乐家，曾奉世宗命改良乐器，创制和改造乐器数十种。他还进行过系统地音律研究，为朝鲜宫廷音乐的发展奠定基础。

朴堧绘有一幅盖天式星图，该星图右上角题有"浑天图解"（图 A-10）。此图上规采用北极出地（纬度）三十六度为常见不隐者，下规采用南极入地三十六度为常隐不见者；中间的赤色赤道圈为中规，黄色的黄道与之斜交，黄赤交角为 24 度；上规和下规之间的恒星依据二十八宿首星，分为二十八个扇形区域；最外面的重规注有十二次、十二州国分野及黄道十二宫。

据图解"石本分野图列星形体或有与天相殊，又混其色而难辨认"，因此"此图以正其形体相违者，而各彩众色之不同，而盖要于接目之易见"[①]。也就是说，星图中的星官位置和形状基本上依据《天象列次分野之图》绘制，并改正了其中的错误，各星还采用不同颜色，按石氏、甘氏、巫咸氏三家星分列。

---

① 朴堧，《浑天图》，日本国立国会图书馆藏。

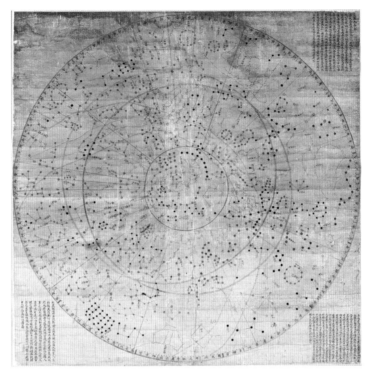

图 A-10　朴堧《浑天图》

（日本国立国会图书馆藏）

　　另据该图右下文字所载，《天象列次分野之图》中的秋分点东交于"角宿"五度少弱，春分点西交于"奎宿"十四度少强。冬至点在"斗宿"二十一度，夏至点在"井宿"二十五度。朴堧浑天图的冬至点选用"箕宿"四度，夏至点在"参宿"九度，春分点在"壁宿"初度，秋分点在"翼宿"十八度，这一改动依据了当时刚传入朝鲜不久的明代大统历法[1]。

《新旧天文图》

　　《新旧天文图》[2]是由八幅屏风组成的星图（图 A-11），星图的前三幅是基于

---

① 潘鼐，《中国恒星观测史》，"朝鲜与日本的中国恒星图像"。

② 此图馆藏不同版本，包括韩国国立民俗博物馆、剑桥大学惠普尔科技史博物馆、日本南蛮文化馆和日本国立国会图书馆均藏有此图。

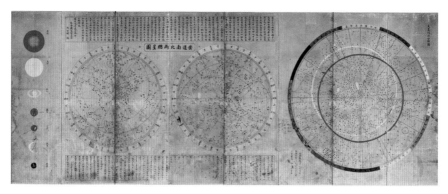

图 A-11 《新旧天文图》

（日本国立国会图书馆藏）

1395 年的《天象列次分野之图》的盖天式星图，第四幅至第七幅为"黄道南北两总星图"，内容基于戴进贤的"黄道总星图"。这两幅星图也是朝鲜李朝星图中最常见的两种形式，分别属于中国的传统赤道星图和当时新传入的西方黄道式星图，故称为"新旧天文图"。

右边的"天象列次分野图"书有"此本观所藏石刻本也，我太祖朝有以箕城旧本进者，上宝重之，命观刻于石"[①]。其重规上记有黄道十二宫、十二次及十二州分野，并绘有不同颜色。

左边的"黄道南北两总星图"上方的文字与戴进贤星图的雍正元年刻本完全一致，只是将该段文字从原图下方挪至上方。图下文字则介绍了《汉书·天文志》《晋书·天文志》《丹元子步天歌》，以及南怀仁《仪象志》中星宿数目的不同，还将戴进贤新测结果与《步天歌》进行了比较，另指出新测数据采用远镜（即望远镜，古代也称远镜）窥天，"星多数十倍，界限甚明"[②]。

屏风最左边的一幅图绘有太阳、太阴、填星、岁星、荧惑、太白和辰星的图像。其中太阳当中有黑子，土星（填星）和木星（岁星）有卫星，金星（太白）也有月相，这些内容也是源自戴进贤的"黄道总星图"。

《新法天文图》

《新法天文图》由观象监绘制，为八幅屏风，长 4.51 米，宽 1.83 米，目前保存

---

① 《新旧天文图》，日本国立国会图书馆藏。

② 《新旧天文图》，日本国立国会图书馆藏。

于韩国法住寺。该图内容基于 1723 年戴进贤的"黄道总星图",是英祖十八年(1742 年,朝鲜李朝时期)由金兑瑞、安国宾利用出使清廷之机,从中国带回朝鲜并传摹,此图也是韩国复制的一系列戴进贤星图中最大的一幅(图 A-12)。

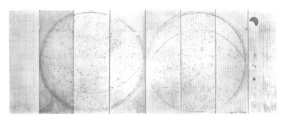

图 A-12　《新法天文图》
(韩国法住寺藏)

《新法天文图》屏风第一幅包含"新法天文图说"和日、月、五星的图像。图说介绍了黄道十二宫、恒星的运动,以及当时使用望远镜观测后最新的天文发现,文字内容与戴进贤的"黄道总星图"相同。

屏风的第二幅至

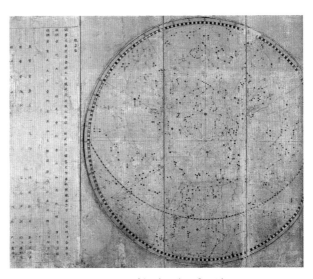

图 A-13　《新法天文图》局部

第四幅绘有黄道北星图,图中包含恒星 1066 颗,以及银河、赤道,黄赤交角采用 23.5 度;第五幅至第七幅绘有黄道南星图,包含恒星 789 颗;第八幅为参与该图绘制的金在鲁和安国宾等六位朝鲜官员姓名(图 A-13)。

《浑天全图》

《浑天全图》为盖天式星图,全图高约 86 厘米,宽约 60 厘米,星图直径约 56 厘米(图 A-14 和图 A-15),其内容主要基于中国清朝乾隆年《仪象考成》之《恒星全图》绘制,共包括南北恒星 336 座,共 1449 星,其中近南极不见星 33 座、121 星。不过,《仪象考成》的《恒星全图》重规只有二十八宿和十二次,该图的重规则绘有二十四节气、十二次、黄道十二宫及十二州分野。

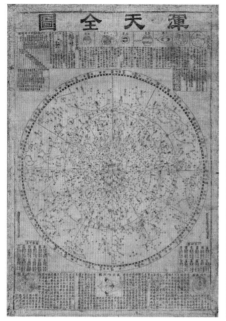 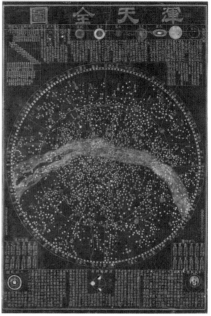

图 A-14 《浑天全图》木刻印本　　　　　图 A-15 《浑天全图》木刻设色本
（韩国奎章阁图书馆藏）

　　《浑天全图》的上方包括"七政周天图""日月交食图"和"二十四节气太阳出入时刻图"。其中"七政周天图"分别介绍了日月和五星大小及轨道距离；"日月交食图"介绍了日食、月食产生原理的示意图；"二十四节气太阳出入时刻图"介绍了不同节气的日出时刻、日入时刻、昼夜长短，以及晨昏朦影①。

　　《浑天全图》的下方包括"二十四节气晨昏中星""七政新图""弦望晦朔图""七政古图"。其中，七政古图和"七政新图"分别介绍了托勒密和第谷的宇宙模型。

《天文类抄》星图

　　《天文类抄》为朝鲜李氏王朝世宗朝时天文学家李纯之奉旨而著，大约成书于15世纪中叶（图 A-16），《书云观志》中记载有此书。此书刻本有两卷，内容按中国的《步天歌》为序，上卷首叙四宫与中宫五方，然后依次介绍二十八宿、太微垣、

----

① 晨昏朦影是指日视出前和日视没后，有一段时间天空呈现微光的现象。

紫微垣和天市垣，并配有星图和
《步天歌》歌辞，以及各星官占
语；下卷则介绍天地、日月、五
星，以及星变和异常气象等占验
（图 A-17）。

《旧藏天象列次分野之图》

　　《旧藏天象列次分野之图》是
基于《天象列次分野之图》的一

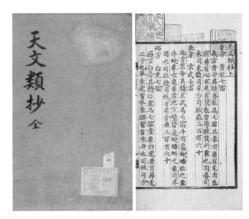

图 A–16　《天文类抄》封面及首页

份星图，该星图上图下文（图 A-18）。星图上部为北天赤道圆图，其星官位置和星点
连线与《天象列次分野之图》基本一致，不同之处在于外规外圈列有二十八宿的各
宿去极度的数值，这些内容在《天象列次分野之图》中是通过星图下方的一段"二
十八宿去极分度"文字进行介绍的。该图中的二十八宿各星，以及紫微垣中的北斗
等星上描有朱色，比较醒目。星图下方文字部分记有"按南怀仁《步天歌》注星点
与丹元子旧本或有今无者，而难可擅改，只以《灵台仪象志》所取者星名刊于左，
以备参考"①。

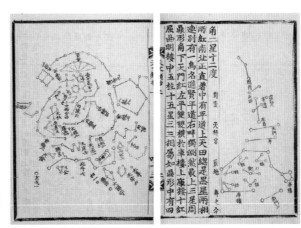

图 A–17　《天文类抄》"紫
微垣"及"角宿"

---

① 《旧藏天象列次分野之图》，美国国会图书馆藏。

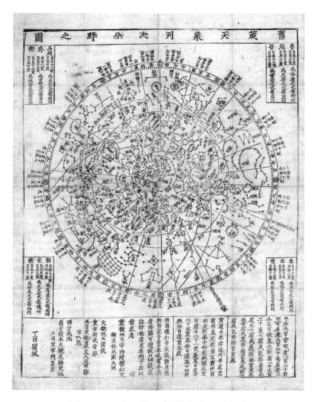

图 A–18 《旧藏天象列次分野之图》

南秉吉《星镜》和《中星新表》星图

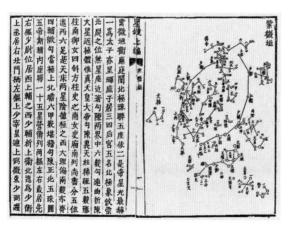

图 A–19 《星镜》"紫微垣"

《星镜》是朝鲜李朝后期观象监提调南秉吉（1820～1869 年）的著作，该书作于 1861 年，共分上下两编，介绍有三垣二十八宿星图（图 A-19 和图 A-20），并附有仪器图式和使用赤道仪的测量法。《星镜》中的星图绘有 1499 颗星，主要依据了清朝道光二十四年（1844 年）钦天监监正周余庆等新测完成《仪象考成续编》中包含 3240 颗星的星表。

《星镜》根据咸丰十一年辛酉年（1861 年）作为新历元，并按岁差推算。南秉吉在书中还采用古制去极度，将赤纬改为称"距极度"。除了《仪象考成续编》，该书同时依据了清本《步天歌》。

《中星新表》是南秉吉的

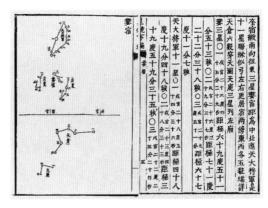

图 A-20 《星镜》"娄宿"

另一部著作，该书依据朝鲜北极高度及道光年间新测黄赤交角的基础上，于二十八宿之外，又选二十九座，求得晨昏中星位置（图 A-21）。除了《星镜》和《中星新表》，南秉吉还有不少其他科学著述，他在天文历法、数学和测量学方面的著作还包括《度量仪图说》《时宪纪要》《推步捷例》《恒星出入表》《太阳更漏表》《春秋日食考》《缉古演段》《测量图解》等。

通度寺金铜天文图

通度寺是韩国著名寺刹，其中有金铜天文图刻于镀金铜盘之上，制作于清朝顺治

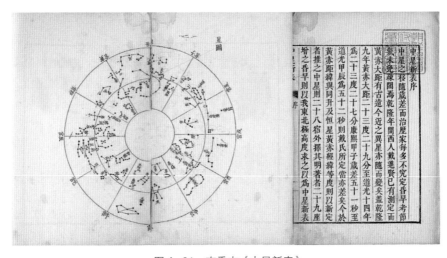

图 A-21 南秉吉《中星新表》

九年（1652 年），铜盘直径为 41.2 厘米，厚 0.9 厘米（图 A-22）。其正面为盖天式星图，星图中的星使用连线连接组成星官，每一颗星的位置都有一孔，镶嵌有珍珠，不过目前仅存珍珠 24 颗。星图的边缘刻有二十八宿，其形状与《天象列次分野之图》类似，但二十八宿中的部分宿做了一些随意的调整，以便在铜盘上能完整的显示。铜盘上还有三个较大的孔，应当是装有大的珍珠，其用途不是很明确。

图 A-22　通度寺金铜天文图

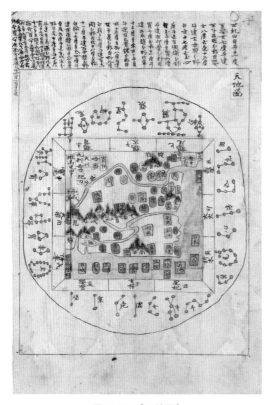

图 A-23　《天地图》

《天地图》

《天地图》是较为常见的朝鲜古地图，该图描绘了天与地的关系，上方有介绍十二州分野内容的文字（图 A-23）。大地为方形，以中国作为世界的中心，图中绘有中国的不同省份，以及与分野理论结合的各州位置，此外还绘有长江、黄河和五岳山川，中国的四周有朝鲜、日本及西域等国家和区域。地图的外面还绘有象征天的圆形，天上绘有二十八宿。

《寰瀛志》星图

《寰瀛志》为魏伯珪（1727～1798 年）所著，成书于朝鲜李氏王朝英祖四十六年

（1774 年）。该书为介绍天文、地理和术数等内容的著作，书中绘有三垣及二十八宿的星图（图 A-24）。魏伯珪是朝鲜李朝后期著名学者魏文德之子，他幼时学于曾祖父，从小通读诸家典籍，后自修勉业。魏伯珪一生中，除参加一二次会试和访师问学外，几乎都过着耕读结合的生活。后因编著《寰瀛志》，其才学被时任慰谕使的检校直阁徐荣辅发现，并向朝廷举荐为玉果县监使。

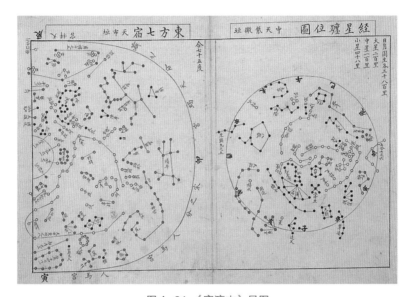

图 A-24 《寰瀛志》星图

《方星图》

由于球形的浑象制作颇为不易，而星图投影在平面后边界的星座也会产生变形，于是一种将天球球体化成正立方体的方星图应运而生（图 A-25）。方星图绘有方形的星图共 6 幅，组合在一起就是一幅完整的星图。方星图最早由传教士闵明我介绍到中国，后传入朝鲜并制有实物。全星图中共绘星 1876 颗，并依 10 度划分有刻度线。

18 世纪初期，朝鲜李朝学者李瀷[①] 在其著作中，也曾介绍过一种"西国方星图"，其特点与闵明我《方星图》的特征相吻合，这说明该图出版不久后即已传入朝鲜[②]。例如，其中提到：

① 李瀷，字子新，号星湖，朝鲜京畿道骊州人，朝鲜李朝哲学家，实学派代表人物之一，著有《星湖僿说》《星湖文集》等。
② 石云里，"西法"传朝考（上），《广西民族大学学报：自然科学版》，2004 年第 1 期：30-38。

图 A-25 《方星图》

分为六片，盖谓凡人目力所及，不过四方之一面，东西赤道三百六十度，则南北亦同，目力之及上下左右不过九十度，离作九十度方图，上下为二图，四方为四图，远近密，井然不差，其意极细[①]。

目前，在韩国全罗南道海南尹氏绿雨堂还保存有康熙年间《方星图》的刊本一份。此外，多家韩国博物馆也存有该图的抄本，如韩国首尔历史博物馆、国立民俗博物馆等。首尔历史博物馆的《方星图》背面署名有"甲申孟夏梧山书"，为李朝学者徐昌载（1726～1781 年）于 1764 年绘制完成。该本省略了原图中顶面的象限图式，但增加了蓝色描绘的银河，星图中的三垣二十

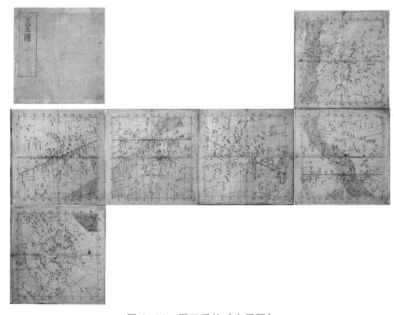

图 A-26 展开后的《方星图》

---

① 李瀷、安鼎福编，《星湖僿说类选·天地门》，《韩国古典影印大宝》，明文堂，1982 年。

八宿等主要星官则以红点标记（图 A-26）。韩国国立民俗博物馆的《方星图》，则采用"上文下图"形式，文字部分对图中星数和星等作有说明。

朝鲜李朝平浑仪

平浑仪也称简平仪，属于类似星盘的天文仪器（图 A-27）。这件平浑仪由朝鲜李朝学者朴珪寿（1807～1877 年，图 A-28）制作，直径为 34 厘米，两面分别绘有北极恒星和南极恒星，四周有十二时辰刻度，最上方为"午，中天"。

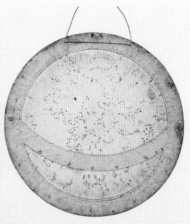

图 A-27　平浑仪

（韩国实学博物馆藏）

图 A-28　朴珪寿画像

日本古星图

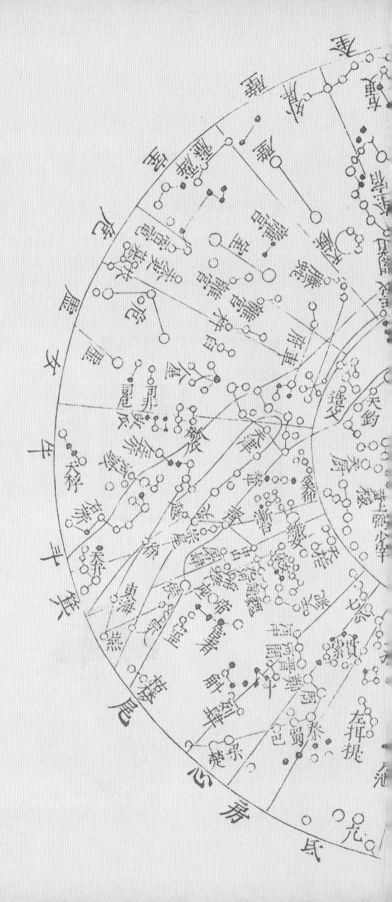

历史上，中日两国在政治、经济、文化和科技方面的交流延续了两千多年，在16世纪之前，日本的天文学基本上都是源自中国的传统天文学，甚至长期以来，日本都是直接使用中国的历法，并且按照中国的体制建立官方天文机构。

在星图方面，日本也明显受到中国文化和朝鲜文化的巨大影响，7～8世纪的日本高松冢和龟虎古坟中的天文图壁画几乎与早期中国中原地区和朝鲜半岛地区的墓室天文图壁画如出一辙。

自公元894年，日本停止委派遣唐使来华，中日之间的文化交流开始减少，日本也因此逐步形成了其独特的文化，这一时期日本的星图在中国星图的基础上，也发展出一些自身的特征，如已知日本传世最早的纸本星图《格子月进图》。

在德川幕府统治的江户时期，中日文化交流又开始频繁起来，大量的中文书籍被销往日本，这其中就有不少含有天文和星图知识的著作，其中在日本影响较大的就有《事林广记》《三才图会》（图 B-1）和《管窥辑要》等。这些书在日本也被大量重刊并广泛流传，如和刻本的《事林广记》就介绍有北宋苏颂《新仪象法要》中的中国传统星图；和刻本《校正天经或问》则基于清朝游艺的《天经或问》，介绍了当时已经传入中国的一些西方天文学和星图知识[①]。另外，朝鲜李朝时期的《天象列次分野之图》在当时的日本影响也颇大。

元禄年间（大约相当于我国清代康熙中期），日本天文学家涉川春海和涉川昔尹父子进行了一系列的星象观测，绘成了日本人自己最早创制的星图"天文成象图"，并且在其所撰《天文琼统》中，对中国的星座体系进行了补充，增加了60多个星官，形成了日本自己的308星

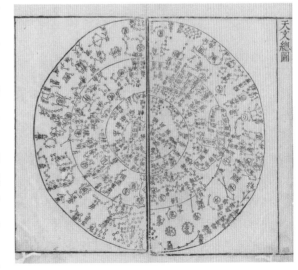

图 B-1　《三才图会》"天文总图"

① Miyajima, Kazuhiko. "Japanese celestial cartography before the Meiji period." *The History of Cartography, Volume Two: Cartography in the Traditional East and Southeast Asian Societies*; Chicago & London: The University of Chicago Press(1994), 579-603.

官系统^①（表 B-1）。

官系统[①]（表 B-1）。

表 B-1 涉川春海增加的日本星官

区域	星官名
紫微垣	东宫傅、御息所、中务、式部、治部、大膳、内膳、神祇、天帆
太微垣	大将、中将、少将、宫内、民部、刑部、阴阳寮
天市垣	兵部、宰相、市正、镇守府、军监
东方七宿	左卫门、天湖、汤母、汤座、内侍、采女、腹赤
北方七宿	天蚕、右京、左京、诸陵、右马、外卫、左马
西方七宿	主计、天俵、兵库、主税、大藏、大炊、松竹、鸿雁、萩薄、天辕、大宰府、大贰、小贰、玄蕃
南方七宿	曾孙、玄孙、箙、胡簶、隼人、主水、大学寮、造酒司、织部、斋宫、雅乐、右卫门

　　17 世纪之后，中国传统天文学体系逐渐衰落，开始向西方近代天文学转轨，此时日本的天文学也处于相似的阶段。这一时期不仅有采用西方绘图技术和投影方法的星图自中国传入日本，日本也开始与欧洲各国进行直接交流，尤其是产生了受到荷兰文化影响的兰学[②]。在这样的历史背景下，马道良和司马江汉等人将中西两种文化结合起来，绘制完成了中西星象相互匹配的新式星图。

高松冢天文图

　　1972 年，日本考古学家在奈良县高市郡明日香村发现飞鸟时代[③]的贵族墓葬——高松冢。这座古墓封土呈圆馒头形，底径约 18 米，高约 5 米，内部是用凝灰岩石料砌筑的长方形石椁，其年代约为 7 世纪后期或 8 世纪初期，墓中天井和四周石壁上涂有一层约 5 毫米厚的灰泥，上面绘有壁画，内容包括四神图、天象图和男女人像。由于壁画彩色富丽，绘描精致，高松冢因此也被认为是第二次世界大战后日本考古界最为重要的发现之一[④]。

　　高松冢长方形石室四壁绘制有日月、四神和人物等图像（图 B-2），与中国唐墓出土的壁画极为相似。其中，青龙（图 B-3）、白虎和玄武（图 B-4）分别绘在东

---

① 宫岛一彦. "日本の古星図と東アジアの天文學."《人文學報》。

② 兰学是指江户时代，经荷兰人传入日本的学术、文化、技术的总称，引申为将西方科学技术称为兰学。

③ 飞鸟时代约始于公元 593 年，止于迁都平城京的公元 710 元，上承日本的古坟时代，下启奈良时代。

④ 宫岛一彦，"日本の古星図と東アジアの天文學."《人文學報》。

壁、西壁和北壁，南壁原本绘有朱雀，
但由于该墓曾经被盗，而盗洞刚好位于
南壁正面上部，导致泥沙流入，南壁壁
画几乎完全脱落。青龙和白虎的上方绘
有太阳和月亮，分别采用金箔和银箔装
贴，但也因被盗墓者刮坏，日月内部图
像已无从辨识。青龙和白虎的两边绘有
人物图像，其中北侧为女子群像，南侧
为男子群像，人物 4 人一组，共 16 人，
这些人像高约 30 余厘米，皆身着宽松
的外衣和长裙，面部丰腴饱满，与我国
唐朝装束相似。

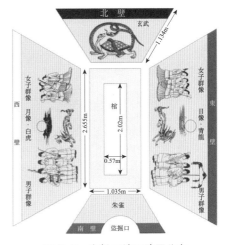

图 B-2　高松冢墙面壁画分布

图 B-3　高松冢 "青龙" 壁画

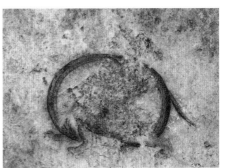

图 B-4　高松冢 "玄武" 壁画

高松冢天井壁画为一幅天文图，每
颗星都贴有直径 9 毫米的金箔，各星之
间采用红色连线组成星官图形。天文图
的中间只能辨识北极和四辅，一些星脱
落较为严重，四周绘有二十八宿，每边
包含七宿，与墙面所绘的四神方位相对
应，总体上这幅天文图的装饰性要大于
其科学价值（图 B-5 和图 B-6）。

为了保护高松冢壁画，1973 年，日
本邮政省在壁画出土一周年之际发行了

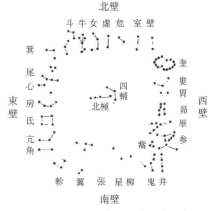

图 B-5　高松冢天文图星宿分布示意图

图 B-6　修复后的高松冢天文图（东壁局部）

一套三枚"高松冢古墓保存基金"附捐邮票①，图案分别为"东壁青龙""东壁男子像"和"西壁妇女像"（图 B-7）。但由于年代久远和地震等原因，高松冢墙面日趋劣化，壁画出现污损，为了对其进行修复和保护，2007 年，这些壁画不得不被从墓室移出，进入室内陈列（图 B-8）。

图 B-7　1973 年高松冢壁画邮票

图 B-8　转移修复后的高松冢壁画

龟虎古坟天文图

　　1983 年，日本考古学家在高松冢南面约 1000 米处又发现一座公元 700 年前后的古墓，这就是龟虎古坟。龟虎古坟与高松冢为同等规模的小型圆坟，绘有相似的壁画图形（图 B-9），其中墓壁四周为四神像，天井为天文图，但四周没有男女群像，取而代之的是兽首人身、手持武器的十二支像。与高松冢一样，该墓也曾被盗，墓室几乎完全被盗空。由于盗洞在南向稍偏西位置，所以南壁中的朱雀图像得以幸存（图 B-10）。

---

① 附捐邮票也称为慈善邮票，既用于邮政，也用来为慈善事业筹款。依据规定，此类邮票的面值写在前面，附加金在后，且附加金字体小于前者。

图 B-9　龟虎古坟壁画分布示意

图 B-10　龟虎古坟"朱雀"壁画

与高松冢壁画相比，龟虎古坟壁画的线条更为粗放，颇有气势，如白虎图像呈跳跃状，尾巴绕后腿从股间穿过，而类似的图像只见于中国初唐至盛唐的墓葬中（图 B-11、图 B-12）。不过两墓壁画中的白虎朝向完全相反，高松冢白虎面朝南，龟虎古坟白虎面朝北。

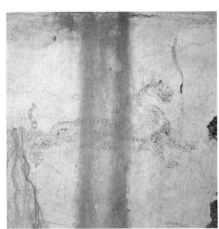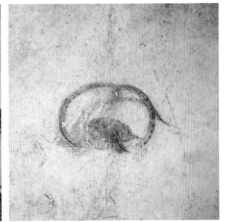

图 B-11　龟虎古坟"白虎"和"玄武"壁画

高松冢壁画中贴有金箔和银箔的日月已无从辨识，但龟虎古坟中日月像的局部尚可辨识，金箔日像中绘有鸟足，以及部分尾部羽毛的墨线。由此可见，这遵循了中国古代日月图像中，日像绘有三足乌，月像绘有蟾蜍和玉兔的传统。

值得注意的是，与高松冢一样，龟虎古坟墓室天井的天文图中的星点也贴有金箔，星官

图 B-12　2003 年日本发行的龟虎古坟"白虎"和"朱雀"壁画邮票

使用红色连线，但龟虎古坟所绘的是一幅完整的北天星图，星宿的细节也比高松冢
天文图细致得多。其星图外规直径约 64 厘米，绘星 500 余颗，是以赤道北极中心投
影的"盖图"星图，图中有 3 个红色的同心圆，依次为恒显内规、赤道、恒隐外规，
另外还绘有与赤道相交的黄道。由于龟虎古坟的天文图绘有赤道和黄道，以及内规
和外规这些坐标线，星官的位置较为准确，且年代也比中国现存最早的科学星图敦
煌星图要早，因此它被日本学者誉为世界上现存最早的一幅科学星图[①]（图 B-13 至图
B-15）。因该星图绘制精美，2017 年电影《妖猫传》也以此为蓝本，设计了电影中唐
代星图的道具图案（图 B-16）。

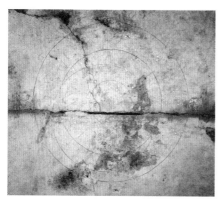

图 B-13　龟虎古坟天文图

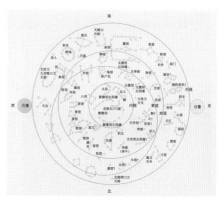

图 B-14　龟虎古坟天文图示意图

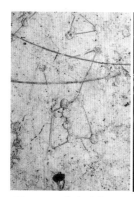

图 B-15　龟虎古坟天文
图中的"参宿"（猎户座）

图 B-16　电影《妖猫传》中的唐代星图道具图案

　　龟虎古坟与高松冢同样遇到了壁画霉变及壁面劣化等问题，最终不得已于 2007

① 相馬充,"キトラ古墳天文図の観測年代と観測地の推定．"《國立天文臺報》。

年将所有的壁画从壁体上剥离下来，移出墓室进行修复，修复和转移后的墓室及壁画已于 2016 年 9 月对公众开放（图 B-17）。

图 B-17　修复和转移后的龟虎古坟壁画

《格子月进图》

《格子月进图》是已知日本传世最古老的纸本星图，原图大约绘于唐前期开元年间，经日本天文学家安倍泰世于元亨四年（1324 年）重摹而流传下来，后毁于 1945 年美军空袭的大火中，如今仅存有照片资料（图 B-18 和图 B-19）。

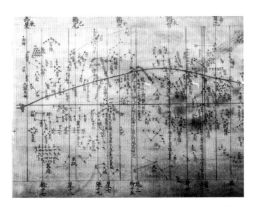

图 B-18　《格子月进图》横图存世照片（局部）

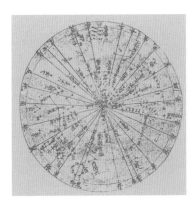

图 B-19　《格子月进图》北极图

《格子月进图》前面题有"星三色事，黄色殷巫咸，赤色魏石申，黑色齐甘德"[①]，使用不同颜色标注三家星。星图由一幅圆形北极图及一幅方形的天文横图组成。其特征之一是圆图中有按二十八宿距度分割的二十八条辐射线自北极延展开，而一般星图只有内规之外绘有辐射线，内规之内不绘辐射线。此外，圆图中只绘有北天极紫微垣诸星。另一特征是横图上绘有经纬线相交的小方格，如同格子状，因此图名题有"格子"两字[②]（图 B-20）。

图 B-20　《格子月进图》图题

---

① 《格子月进图》遗存照片。

② 宫岛一彦，"日本の古星图と東アジアの天文學."《人文學報》。

横图正中有一横向直线为赤道,与赤道上下相交的曲线,通常被认为是黄道,但二分二至点对应的年代却乖违甚多。因此,有学者认为该曲线可能为月球轨迹,即白道,与图名中的"月进"两字吻合。横图上部还注有十二次和十二辰,并有十二条竖线与之对应;下部注有二十八宿的距离,也有二十八条竖线与之对应,可以方便地读取各星在十二次和二十八宿中的位置。

泷谷寺天文图

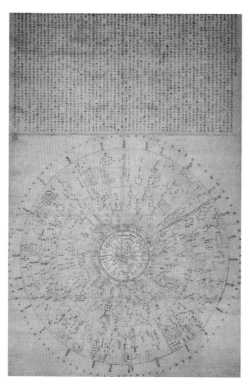

图 B-21 泷谷寺天文图

泷谷寺始建于 1375 年,是日本三国町最古老的寺院。该寺在江户时期曾显赫一时,保留了不少日本珍贵的文物。寺中藏有天文图一幅,长 145.1 厘米、高 97.4 厘米,是除《格子月进图》外,日本保存最早的纸本星图。整幅图为上文下图形式,文字部分题为"周天三百六十五度四分之一,二十八舍图丹元子步天歌",内容大体基于《步天歌》(图 B-21)。

天文图下部的星图为传统的以赤道北天极为中心的圆图,其特殊之处在于,一方面,该星图"中元紫微宫"的外面有一圈环形标注,注有十二次、月份和距离,如其中一格为"三月""大梁之次,三十度又半""自胃七度至毕十一度";另一方面,与传统星图大多只绘出内规和外规之间的发散状二十八宿经线不同,该图的每一度皆绘有发散经线,读取恒星位置比较方便(图 B-22 至图 B-26)。[1]

---

[1] 吉泽康畅."三國町瀧穀寺の「天之図」に関する新知見."《福井市自然史博物館研究報告》。

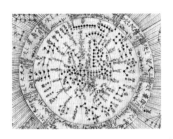
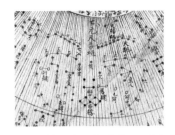

图 B-22　泷谷寺天文图 "中元紫微宫"　　图 B-23　泷谷寺天文图 "下元天市宫"

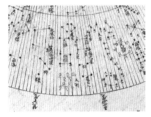
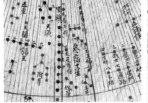
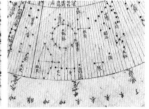

图 B-24　泷谷寺天文图　　　图 B-25　泷谷寺天文图　　　图 B-26　泷谷寺天文图
　　"斗宿"和"箕宿"　　　　　　"参宿"　　　　　　　　"弧矢"和"狼"

《火罗图》星象图

　　《火罗图》藏于日本京都教王护国寺，是一幅与佛教相关的星象图（图 B-27）。天文中的二十八宿、北斗七星，以及日、月、五星、黄道十二宫等都被绘成各类神佛，而这些佛教图像后来又从中国传入日本。"火罗"是梵语 horā 的音译，原意为黄道宫、时辰等，借自依据出生时刻来占卜的星宿命运之术，是古印度传统的占卜方式。

　　《火罗图》的布局为佛教密宗常见的坛城曼荼罗，中间供奉骑狮的文殊菩萨，从内向外依次环绕二十八宿、黄道十二宫和九曜（图 B-28），星宿各星皆有连线。这些星象的组合反映了不同文化间的相互融合，图像中央的主尊为文殊菩萨；二十八宿像之外围绕的黄道十二宫则是源自

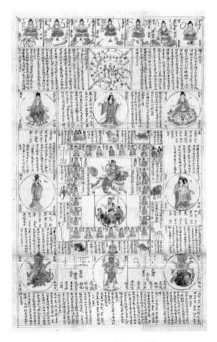

图 B-27　《火罗图》

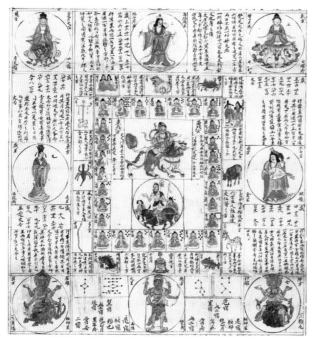

图 B-28 《火罗图》局部

古巴比伦等地区的西方星座体系；图像最上端还有中国传统的北斗七星的形象（贪狼、巨门、禄存、文曲、廉贞、武曲、破军），皆呈现为佛像外形；北斗七星神的下方还有中国十二生肖的动物形象。此外，图像中还有日、月、五星、罗睺、计都，共计九曜的人物形象，这些星神形象也融合了古波斯和早期伊斯兰的占命文化[①]。

涉川春海星图

涉川春海（1639～1715，或涩川春海）是江户中期的天文历算家、神道家。他曾以中国的《授时历》和《大统历》为基础，根据自己的长期观测，制定出日本第一部历法——《贞享历》，从而奠定了日本近世历法改革的基础，是日本家喻户晓的历史人物。

涉川春海原姓安井，名为安井算哲，后曾更名保井算哲、保井春海。他子承父业，曾是围棋界的高手，因败于另一位围棋家本因坊道策，于天和三年（1683 年）从棋界隐退，最终改名涉川春海。涉川春海博学多才，尤精天文历法，改革历法后，被幕府任命为天文方，成为日本官方天文机构的负责人。

《天文分野之图》是涉川春海更名之前绘制的，因此署名为保井春海，绘制于延宝五年（1677 年）（图 B-29）。该图依据中国传统的 283 官星绘制。上部为圆形星

---

① 潘鼐，《中国古天文图录》，"释典天文图象"。

图，中部绘有赤道南北二十八宿分区图，以及二十四节气的夜半、晨昏中星表，下部为说明文字。圆形星图中绘有内规、外规、黄道、赤道，以及二十八宿宿度线，赤道涂为黄色，黄道涂为红色，各星也按石申、甘德、巫咸三家星而分绘上色。星官的图形则承袭自朝鲜的《天象列次分野之图》，但也做了不少修订。涉川春海不但将图中的二十八宿宿度做了部分订正，还将外规十二州分野的中国地名更改为日本古国名。下部的说明文字多摘录于《晋书·天文志》中的"浑天论"及《元史·历志》中的"岁余岁差"等章节，属于中国传统天文思想和知识内容。

　　除了《天文分野之图》，涉川春海还著有《日本长历》《日本书纪历考》《天文成象》《天文琼统》等。如果说《天文分野之图》是涉川春海早年学习中国和朝鲜传统古星图的习作，那么完成于 1702 年《天文琼统》则是他长期观测和研究之后的心得（图 B-30 至图 B-32）。《天文琼统》不仅考订了中国传统星官，还突破了三家星官的传统，建立起日本的星官体系。其中的观测基本上为"元禄年中所测"，在新的体系中，书中加入了涉川春海的新增星官，以青色来标记。而此前的传统星官分别以

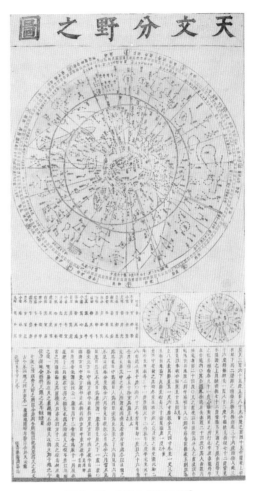

图 B-29　《天文分野之图》

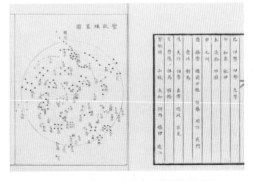

图 B-30　《天文琼统》"紫微垣星图"

红色、黄色和黑色标记，即"今更所名星座以青点，石申所名赤点，巫咸所名黄点，甘德所名黑点计之"[①]。

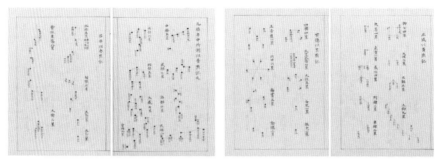

图 B-31 《天文琼统》新增星官和石申星官　图 B-32 《天文琼统》巫咸星官和甘德星官

　　2009 年和 2012 年，日本分别出版和上映以涉川春海为原型的小说及电影《天地明察》，介绍了涉川春海的历法改革和星图创制工作。

涉川昔尹星图

　　《天文成象图》为涉川春海之子涉川昔尹（1683～1715 年）所绘，完成于元禄十二年（1699 年）。当时涉川昔尹年仅 17 岁，该图以其父涉川春海所定的星官体系为基础，原图为《天文琼统》书末的一幅"天文成象图"，图中按赤、黑、黄三色绘制石氏、甘氏、巫咸氏三家星，以青色绘制涉川春海所测星（图 B-33 和图 B-34）。据涉川昔尹描述，其中"青点计星六十一座三百单八星，此皆古无今大见之星"，且"星名是亦见后世文物"，而传统星官中按"魏石申以赤点计星百三十八座八百十星，

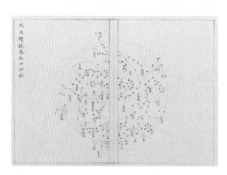

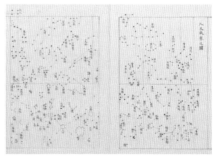

图 B-33 《天文琼统》"天文成象图"圆图　图 B-34 《天文琼统》"天文成象图"方图

---

① 涉川春海，《天文琼统》，日本国立公文书馆藏。

商巫咸以黄点记星四十四座百四十四星，齐甘德以黑点记星百十八座五百十一星"[①]。

涉川昔尹的《天文成象图》分上下两部分，上文下图（图 B-35）。上部文字为涉川昔尹所书，内容是关于中国古代的恒星观测及日本贞享年间采用浑仪测星的记载。文字正中还有圆形的上规图一幅，为恒显圈范围恒星，图四周列有二十八宿，上规图下方是关于日本 9 个地方北极出地（即地理纬度）的记载，如"萨川鹿儿岛卅一度"等，其中"皇都卅五度半强"与当时的日本首都江户仅差 0.1 度。整幅图下半部分为一幅方图，且右方和下方还有坐标刻度，其目的为"方图以明星辰宿度"。

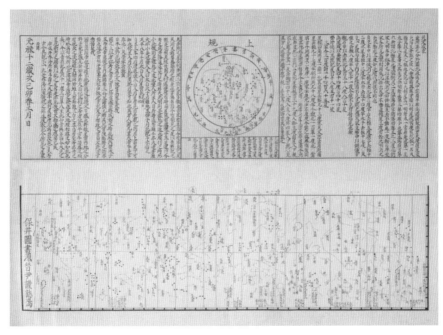

图 B-35　涉川昔尹《天文成象图》

长久保赤水星图

长久保赤水（1717～1801 年）是日本 18 世纪著名的地理学家与天文学家。他曾从事地理测绘工作二十余年，在 1774 年绘制了精确的日本地理全图，1777 年应藩主德川治保邀请去江户供职，后离职回到家乡茨城多贺郡成为乡绅，于 1785 年又绘

---

① 涉川昔尹，《天文成象图》，日本国立天文台藏。

制出新版的世界地图。长久保赤水绘制的日本地图即便在伊能忠敬（1745～1828 年，日本江户时期的测量家）使用现代测绘技术绘制日本地图后，依然长期流行，在日本地图史上具有重要的历史地位。

除了地图，长久保赤水还绘有多幅星图，比较流行的有《天象管窥抄》和《天文星象图解》（图 B-36 和图 B-37）。两书作于安永三年（1774 年），刊于文政七年（1824 年），内容基本相同，只是在刊印尺寸上有所差异。

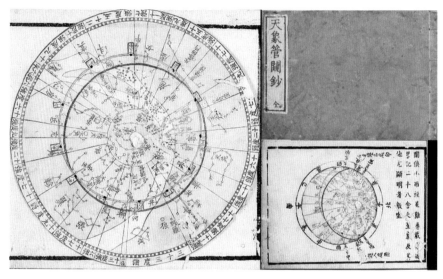

图 B-36 《天象管窥抄》星图

图 B-37 《天文星象图解》封面与序言

以《天文星象图解》为例，该书所附星图实际为一活动星盘，只列有主要星座，因其"图狭小而经星难悉载焉，故略记二十八舍之星象及其他尤鲜明者数坐（同"座"）"[1]。该星图使用蓝色作为底色，图中赤道绘成红色，黄道绘成黄色，银河绘成白色（图B-38）。

在日本另有"天文星象之图"，高约 68.1 厘米，宽约 70.2 厘米，与《天

————————————

① 《天文星象图解》，日本早稻田大学图书馆藏。

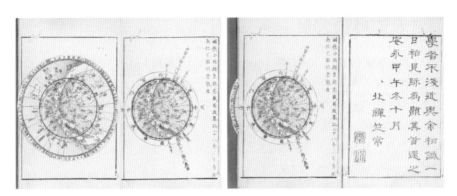

图 B-38　《天文星象图解》星图

象管窥抄》和《天文星象图解》星图风格相似，但内容是更为完整的全天星图，其作者不详，有人认为此图也是长久保赤水所作（图 B-39）。

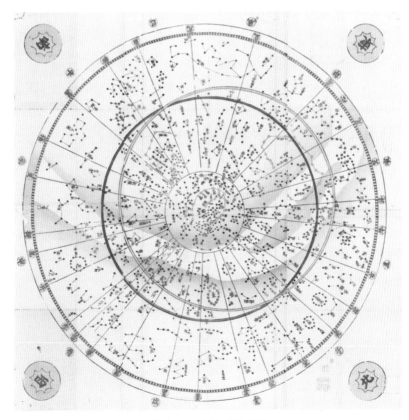

图 B-39　天文星象之图

273

《天文图解》星图

《天文图解》出版于元禄二年（1689年），被认为是日本第一本面向大众的天文学书籍（图 B-40），作者为井口常范，生卒年不详。该书共五卷，卷一为天文总论，卷二至卷四介绍了授时历等中国传统历算，卷五为关于太阳、月亮和五星位置的计算。

该书卷首有"众星图"一幅（图 B-41），三垣各星和二十八宿使用白色星点，其他星使用黑色星点，赤道和黄道使用双线绘制，部分星旁注有星名，外圈刻度规有黑白相间刻度和十二辰名称等。

图 B-40 《天文图解》封面和序言

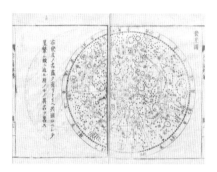

图 B-41 《天文图解》"众星图"

马道良《天球十二宫象配赋二十八宿图说》

《天球十二宫象配赋二十八宿图说》为日本江户时代画家马道良（？～1801年）所绘。马道良是日本著名画家北山寒婴（1767～1801年，原名马孟熙，因居于今户北山，故以北山为姓）之父，其家族几代皆为画师。马道良于宽政三年（1791年）至宽政六年（1794年）曾为幕府司天台修补天球仪，对以兰学为代表的西方科学有一定的了解。在此期间，他与江户艺术家司马江汉亦有交流，所绘"天球十二宫象配赋二十八宿图"（图 B-42）与司马江汉的"天球图"风格相似，年代也相近。

图 B-42 天球十二宫象配赋二十八宿图

《天球十二宫象配赋二十八宿图说》完成于 1795 年，包括"天球十二宫象配赋二十八宿图"和说明文字一篇（图 B-43）。在文中，马道良提到"虽华夷不同道于历数，岂可容间然乎，是球仪画载列星，效视于天外之形焉。今依西式誊写之所谓十二宫象，自白羊至双鱼，二十八宿始角宿，毕轸宿"①。图像正中为红、蓝、

图 B-43　《天球十二宫象配赋二十八宿图说》跋文

白三色交替的黄道线，沿着黄道依次绘有十二宫象。赤道为上下相交的红色曲线，另绘有春分线、夏至线、秋分线和冬至线，黄道和赤道附近还绘有与之相应的二十八宿星官。

司马江汉铜版星图

司马江汉（1738～1818 年）本名安腾峻，是日本江户时代的学者与艺术家，早年曾当过刀工、雕刻工，后专事绘画，因引进西洋画法和创作日本铜版画图而成名。此外，他在绘画之余还从事天文学研究，是日本最早的"地动说"倡导者之一。

司马江汉的作品中，成就最大的是铜版画。他将东方山水画的空间层次感与西洋画精确的透视手法结合，形成独特的日本铜版画风格。他的铜版画作品中皆刻有"日本铜版创制"的字样，以彰显与前人的不同。

铜版画《天球图》制作于宽政八年（1796 年），署名为"江汉司马镌写并刻，本天三郎右卫门订正"②。这幅星图分为南北两部分，与此前星图最大的不同在于，它是一幅基于西方星座和天文学知识的黄道星图。图的正中分别为黄道北极和南极，绘有黄道十二宫及西方星座图形，但同时图中的星名和星官连线又是基于中国传统星官和日本星官。南北两图的四角还有装饰性图案，包括测量和绘图仪器、月亮和金星的相位变化，以及观土星图和观木星图（图 B-44 和图 B-45）。

---

① 《天球十二宫象配赋二十八宿图说》，日本国立国会图书馆藏。

② 《天球图》，日本京都大学图书馆藏。

图 B-44 《天球图》铜版星图（黄道北极） 图 B-45 《天球图》铜版星图（黄道南极）

18世纪中叶至19世纪初的日本，又正是兰学盛行时期，西方思想和科学技术的传入给长期禁锢在闭关锁国桎梏下的日本思想界带来了巨大的变化。在这样的社会背景下，司马江汉于天明八年（1788年）开始系统地研究当时西方的天文学。加之司马江汉曾习汉学，熟悉中国传统天文学和文化，这些都促使他创作这幅《天球图》铜版画，完成中西合璧的新式星图。

《天球图》中西方星座的原型来自17世纪的一幅名为 *Nova totius terrarum orbis tabula*（译为《新世界全图》）的世界地图，作者为荷兰制图师胡安·布劳（Joan Blaeu，1599～1673年）。这幅地图有多个版本，在当时有很大的影响，目前日本还保存有一幅18世纪传入的该图，图中还贴有许多书写有日文的标签（图B-46）。《天球图》中的星座与《新世界全图》中所绘天象图星座完全吻合，只是《天球图》在方向上旋转了180°（图 B-47和图 B-48）。

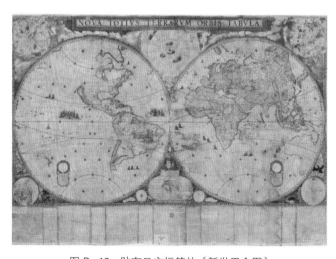

图 B-46 贴有日文标签的《新世界全图》

图 B–47 《新世界全图》北天星图　　　　图 B–48 《新世界全图》南天星图
　　　　（1648 年版）　　　　　　　　　　　　（1648 年版）

《平天仪图解》星图

　　《平天仪图解》又名《天文捷径：平天仪图解》（图 B-49），出版于享和二年
（1802 年），是一本介绍西方天文学知识的入门书。作者岩桥善兵卫（1756～1811 年）
为大阪人，擅长制作望远镜，其第一台望远镜为宽政五年（1793 年）制成。

　　《平天仪图解》中绘有"恒星之图""北极紫微垣图"和"南极图"共 3 幅星图
（图 B-50 至图 B-52），其中"恒星之图"参照了涉川昔尹的《天文成象》星图，"北
极紫微垣图"和"南极图"则借鉴了清朝游艺所著的《天经或问》。另外，这些星图
后还列有"二十八宿黄道距度""二十八宿赤道距度"和"二十八宿去极度数"表。

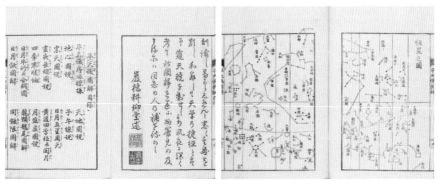

图 B–49 《平天仪图解》序言和目录　　　　图 B–50 《平天仪图解》"恒星之图"

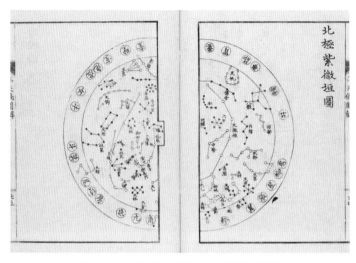

图 B-51 《平天仪图解》"北极紫微垣图"

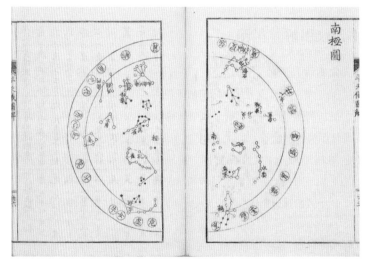

图 B-52 《平天仪图解》"南极图"

参考文献

中文参考文献

北京天文馆, 1987. 中国古代天文学成就 [M]. 北京：北京科学技术出版社.

薄树人, 2003. 薄树人文集 [M]. 合肥：中国科学技术大学出版社.

车一雄, 王德昌, 1978. 常熟石刻天文图, 中国天文学史文集 [M]. 北京：科学出版社.

陈己雄, 2002. 中国古星图 [M]. 香港：香港太空馆.

陈久金, 2004. 星象解码 引领进入神秘的星座世界 [M]. 北京：群言出版社.

陈久金, 2005. 泄露天机 中西星空对话 [M]. 北京：群言出版社.

陈久金, 2007. 帝王的星占：中国星占揭秘 [M]. 北京：群言出版社.

陈久金, 2012. 斗转星移映神州 中国二十八宿 [M]. 深圳：海天出版社.

陈久金, 2013. 中国古代天文学家 [M]. 北京：中国科学技术出版社.

陈凯歌, 2013. 苏州道光木刻天文图——《浑天壹统星象全图》的研究与复原 [J]. 中国天文学会学术年会文集.

陈美东, 1996. 中国古星图 [M]. 沈阳：辽宁教育出版社.

陈美东, 2003. 中国科学技术史（天文学卷）[M]. 北京：科学出版社.

陈美东, 2009. 中国古代天文学思想 [M]. 北京：中国科学技术出版社.

陈美东, 2011. 中国计时仪器通史（古代卷）[M]. 合肥：安徽教育出版社.

陈遵妫, 1982. 中国天文学史 [M]. 上海：上海人民出版社.

程万里, 2012. 汉画四神图像 [M]. 南京：东南大学出版社.

杜昇云, 1982. 苏州石刻天文图恒星位置的研究 [J]. 北京师范大学学报（自然科学版）, 2:81-93.

杜石然, 2003. 中国科学技术史（通史卷）[M]. 北京：科学出版社.

段毅，武家璧，2017.靖边渠树壕东汉壁画墓天文图考释 [J].考古与文物，1:78-88.

冯时，1990.中国早期星象图研究 [J].自然科学史研究，2:108-118.

冯时，2005.洛阳尹屯西汉壁画墓星象图研究 [J].考古，1:64-75.

冯时，2010.中国天文考古学 [M].北京：中国社会科学出版社.

冯时，2013.中国古代物质文化史（天文历法）[M].北京：开明出版社.

甘肃省博物馆，1972.武威磨咀子三座汉墓发掘简报 [J].文物，12:9-23.

郭盛炽，1994.《石氏星经》观测年代初探 [J].自然科学史研究，1:18-26.

国家文物局，中国历史博物馆，1997.中国古代科技文物展 [M].北京：朝华出版社.

韩琦，2018.通天之学：耶稣会士和天文学在中国的传播 [M].上海：生活·读书·新知三联书店.

胡忠良，2014.中国第一历史档案馆藏《赤道南北两总星图》入选《世界记忆亚太地区名录》[J].历史档案，3:144.

华觉明，冯立昇，2017.中国三十大发明 [M].郑州：大象出版社.

江晓原，2005.12 宫与 28 宿：世界历史上的星占学 [M].沈阳：辽宁教育出版社.

江晓原，2011.天学真原 [M].南京：译林出版社.

江晓原，2016.天学外史 [M].上海：上海交通大学出版社.

江晓原，钮卫星，2005.中国天学史 [M].上海：上海人民出版社.

景海荣，詹想，王玉民，2015.中国的星空 [M].北京：北京科学技术出版社.

李迪，孟山林，陆思贤，1985.五塔寺石刻蒙文天文图，呼和浩特史料（第六辑）[M].呼和浩特：中共呼和浩特市委党史办.

李亮，2019.戴进贤《黄道总星图》的绘制、使用及传播 [J].安徽师范大学学报（自然科学版），3:205-213.

李亮，2019.皇帝的星图：崇祯改历与《赤道南北两总星图》的绘制 [J].科学文化评论，1:44-62.

李亮，2019.以方求圜：闵明我《方星图》的绘制与传播 [J].科学文化评论，5:56-67.

李小涛，1996.北京隆福寺正觉殿明间藻井修复设计与浅析 [J].古建园林技术，4:47-50.

李约瑟，2018.中国科学技术史第三卷：数学、天学和地学 [M].北京：科学出版社.

刘金沂，1984.天文学及其历史 [M].北京：北京出版社.

刘金沂，赵澄秋，1990. 中国古代天文学史略 [M]. 石家庄：河北科学技术出版社.

刘潞，1999. 清宫西洋仪器 [M]. 上海：上海科学技术出版社.

刘南威，1989. 中国古代航海天文 [M]. 北京：科学普及出版社.

刘昭民，1985. 中华天文学发展史 [M]. 台北：台湾商务印书馆.

雒启坤，1991. 西安交通大学西汉墓葬壁画二十八宿星图考释 [J]. 自然科学史研究 3:236-245.

南京博物院，1979. 江苏盱眙东阳汉墓 [J]. 考古，5:412-426.

钮卫星，2011. 天文学史：一部人类认识宇宙和自身的历史 [M]. 上海：上海交通大学出版社.

钮卫星，2011. 天文与人文 [M]. 上海：上海交通大学出版社.

欧阳楠，2012. 中西文化调适中的前近代知识系统——美国国会图书馆藏《三才一贯图》研究 [J]. 中国历史地理论丛，3:133-145.

潘鼐，1996. 中国与朝鲜古代星座同异溯源 [J]. 自然科学史研究，1:30-39.

潘鼐，2005. 中国古天文仪器史（彩图本）[M]. 太原：山西教育出版社.

潘鼐，2009. 中国古天文图录 [M]. 上海：上海科技教育出版社.

潘鼐，2009. 中国恒星观测史 [M]. 上海：学林出版社.

潘鼐，崔石竹，1998. 中国天文 [M]. 上海：上海三联书店.

齐锐，万昊宜，2014. 漫步中国星空 [M]. 北京：科学普及出版社.

让-马克·博奈-比多，弗朗索瓦丝·普热得瑞，魏泓等，2010. 敦煌中国星空——综合研究迄今发现最古老的星图（下)[J]. 敦煌研究，2:46-59.

石云里，1996. 崇祯改历过程中的中西之争 [J]. 传统文化与现代化，3:64-72.

石云里，1996. 中国古代科学技术史纲（天文卷）[M]. 沈阳：辽宁教育出版社.

石云里，1997.《经天该》的一个日本抄本 [J]. 中国科技史杂志，3:84-89.

石云里，1998. 朝鲜传本《步天歌》考 [J]. 中国科技史杂志，3:69-79.

石云里，宋兵，2006. 王应遴与《经天该》关系的新线索 [J]. 中国科技史杂志，3:189-196.

宋神秘，钮卫星，2013. 江蕙《二十四气中星图》及其天文活动 [J]. 自然科学史研究，1:36-47.

孙小淳，1995.《崇祯历书》星表和星图 [J]. 自然科学史研究，4:323-330.

王健民，梁柱，王胜利，1979. 曾侯乙墓出土的二十八宿青龙白虎图象 [J]. 文物，7:40-45.

王小盾，2008. 中国早期思想与符号研究：关于四神的起源及其体系形成 [M].

上海：上海人民出版社 .

王玉民 , 2004. 天上人间：中国星座的故事 [M]. 北京：群言出版社 .

王玉民 , 2008. 星座世界 [M]. 沈阳：辽宁教育出版社 .

王玉民 , 2008. 以尺量天：中国古代目视尺度天象记录的量化与归算 [M]. 济南：山东教育出版社 .

巫新华 , 2013. 新疆绘画艺术品 [M]. 济南：山东美术出版社 .

吴守贤 , 全和钧 , 2008. 中国古代天体测量学及天文仪器 [M]. 北京：中国科学技术出版社 .

席泽宗 , 1958. 苏州石刻天文图 [J]. 文物 , 7:27-29.

席泽宗 , 1966. 敦煌星图 [J]. 文物 , 3:27-38.

席泽宗 , 2002. 古新星新表与科学史探索——席泽宗院士自选集 [M]. 西安：陕西师范大学出版社 .

夏鼐 , 1976. 从宣化辽墓的星图论二十八宿和黄道十二宫 [J]. 考古学报 , 2:35-58.

香港海事博物馆编 , 2015. 针路蓝缕：牛津大学珍藏明代海图及外销瓷 [M]. 香港：香港海事博物馆 .

徐刚 , 王燕平 , 2016. 星空帝国——中国古代星宿揭秘 [M]. 北京：人民邮电出版社 .

徐光冀 , 2011. 中国出土壁画全集 [M]. 北京：科学出版社 .

徐振韬 , 2009. 中国古代天文学词典 [M]. 北京：中国科学技术出版社 .

扬州博物馆编 , 2004. 汉广陵国漆器 [M]. 北京：文物出版社 .

叶赐权 , 2003. 星移物换：中国古代天文文物精华 [M]. 香港：香港康乐及文化事务署 .

伊世同 , 1981. 中西对照恒星图表 [M]. 北京：科学出版社 .

伊世同 , 2001.《步天歌》星象——中国传承星象的晚期定型 [J]. 湖南工业大学学报 , 1:2-9.

张毅志 , 1986. 我国古代的通俗天文著作《步天歌》[J]. 文献 , 3:239-246.

赵声良 , 1993. 莫高窟第 61 窟炽盛光佛图 [J]. 西域研究 , 4:61-65.

浙江省文物管理委员会 , 1975. 杭州、临安五代墓中的天文图和秘色瓷 [J]. 考古 , 3:186-194.

郑绍宗 , 1975. 辽代彩绘星图是我国天文史上的重要发现 [J]. 文物 , 8:40-44.

郑绍宗 , 1996. 宣化辽壁画墓彩绘星图之研究 [J]. 辽海文物学刊 , 2:46-61.

郑文光 , 席泽宗 , 1975. 中国历史上的宇宙理论 [M]. 北京：人民出版社 .

中国科学院紫金山天文台古天文组 , 1978. 常熟石刻天文图 [J]. 文物 , 7: 68-73.

中国科学院自然科学史研究所 , 2016. 中国古代重要科技发明创造 [M]. 北京 : 科学普及出版社 .

中国社会科学院考古研究所编 , 1980. 中国古代天文文物图集 [M]. 北京 : 文物出版社 .

中国社会科学院考古研究所编 , 1989. 中国古代天文文物论集 [M]. 北京 : 文物出版社 .

中国天文学史整理研究小组 , 1981. 中国天文学史 [M]. 北京 : 科学出版社 .

周维强 , 2017. 绘象星辰——院藏《明绘绢本天文图》述探 [J]. 故宫文物月刊 , 406:82-92.

周晓陆 , 2004. 步天歌研究 [M]. 北京 : 中国书店 .

朱生云 , 2016. 西夏时期重修莫高窟第 61 窟原因分析 [J]. 敦煌学辑刊 , 3:123-134.

庄蕙芷 , 2014. 得 "意" 忘 "形" ——汉墓壁画中天象图的转变过程研究 [J]. 南艺学报 , 8:1-42.

庄蕙芷 , 2016. 理想与现实 : 唐代墓室壁画中的天象图研究 [J]. 南艺学报 , 13:1-45.

庄蕙芷 , 2018. 古墓星空——洛阳北魏元乂墓天象图的再思 [J]. 中华科技史学会学刊 , 23:88-97.

外文参考文献

宫島一彦 , 1999. 日本の古星図と東アジアの天文學 [J]. 人文學報 8:45-99.

宫島一彦 , 2014. 朝鮮・天象列次分野之図の諸問題 [J]. 大阪市立科學館研究報告 , 24:57 - 64.

宫島一彦 , 平岡隆二 , 2009. 渾天壹統星象全図 [J]. 大阪市立科學館研究報告 , 26:75 – 84.

嘉數次人 , 2009. 江戸時代の天文學 (11) : 江戸時代の星座 [J]. 天文教育 , 4:2-9.

吉澤康暢 , 2015. 三國町瀧穀寺の「天之図」に関する新知見 [J]. 福井市自然史博物館研究報告 , 62:17-26.

木庭元晴 , 2017. 飛鳥時代の水落天文臺遺跡から観測された天球 [J]. 關西大學文學論集 , 1:29-63.

相馬充 , 2016. キトラ古墳天文図の観測年代と観測地の推定 [J]. 國立天文臺報 ,

18:1-12.

中村士, 荻原哲夫, 2005. 高橋景保が描いた星図とその系統 [J]. 國立天文臺報, 8:85-110.

前原, あやの, 2015. 星座の三家分類の形成と日本における受容 [J]. 東アジア文化交渉研究, 8:295-311.

전준혁, 2017. [성경 (星鏡)] 에 기록된 항성 :[의상고성속편 (儀象考成續編)] 성표와의 연관성을 고려한 동정 [J]. 한국과학사학회지, 1: 125-194.

안상현, 2009. 조선 초기 보천가 (步天歌) 와 천문류초 (天文類抄) 의 성립에 대한 연구 [J].*Journal of Astronomy and Space Sciences*, 4: 621-634.

송두종, 2016. 天象列次分野之圖星宿比較分析 [J]. 제 1 회 한국의 고천문학 및 천상열차분야지도 워크숍 논문집, 한국천문연구원, 41-42.

Stott, Carole, 1991. *Celestial Charts: Antique Maps of the Heavens*[M].Studio Editions.

Scafi, Alessandro, 2006. *Mapping paradise: A history of heaven on earth*[M].British Library.

Needham, Joseph, *et al*, 2004. *The Hall of Heavenly Records: Korean astronomical instruments and clocks, 1380-1780*. No. 25[M]. Cambridge University Press.

Hashimoto, Keizo, 2004.Jesuit observations and star-mapping in Beijing as the transmission of scientific knoeledge[J].*History Of Mathematical Sciences: Portugal and East Asia II*, 129-145.

Stephenson, F. Richard, 1994." Chinese and Korean star maps and catalogs.", *The History of Cartography, Volume Two: Cartography in the Traditional East and Southeast Asian Societies*[J].Chicago & London: The University of Chicago Press, 511-578.

Miyajima, Kazuhiko, 1994." Japanese celestial cartography before the Meiji period." *The History of Cartography, Volume Two: Cartography in the Traditional East and Southeast Asian Societies*[J].Chicago & London: The University of Chicago Press, 579-603.

Kanas, Nick, 2007. *Star maps: history, artistry, and cartography*[J].Springer Science & Business Media.

Rufus, W. Carl, and Celia Chao, 1944. "A Korean star map." [J]. *Isis*35.4:316-326.